U0281129

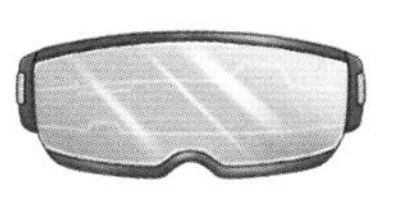

少年黑客

第一辑 3

—上—

魔獒的幻方世界

王海兵 / 著

加入少年黑客
守护人类未来
海兵

電子工業出版社
Publishing House of Electronics Industry
北京 · BEIJING

图书在版编目（CIP）数据

魔獒的幻方世界：上下 / 王海兵著. 一北京：电子工业出版社，2024.4
（少年黑客；3. 第一辑）
ISBN 978-7-121-47462-0

Ⅰ.①魔… Ⅱ.①王… Ⅲ.①信息安全一安全技术一少儿读物 Ⅳ.①TP309-49

中国国家版本馆CIP数据核字（2024）第069674号

特约策划：郑悠然
责任编辑：王陶然
印　　刷：天津善印科技有限公司
装　　订：天津善印科技有限公司
出版发行：电子工业出版社
　　　　　北京市海淀区万寿路173信箱　　邮编：100036
开　　本：880×1230　1/32　印张：28.75　字数：497 千字
版　　次：2024 年 4 月第 1 版
印　　次：2024 年 4 月第 1 次印刷
定　　价：199.00元（全6册）

凡所购买电子工业出版社图书有缺损问题，请向购买书店调换。若书店售缺，请与本社发行部联系，联系及邮购电话：（010）88254888，88258888。

质量投诉请发邮件至zlts@phei.com.cn，盗版侵权举报请发邮件至dbqq@phei. com.cn。

本书咨询联系方式：（010）68161512，meidipub@phei.com.cn。

推荐序

认识王海兵先生是一种缘分，也是一件十分有意义的事。

其实，我所学的专业与海兵的专长完全不同。按理说，我们在平行线般的两个不同方向上发展，本应该是很难有机会相识的。

不过，经与海兵同事多年的 GeekPwn/GEEKCON 黑客大赛创始人王琦先生的介绍，我认识了海兵及其整个团队。记得那是 2017 年，他们找到我，希望在中小学阶段的青少年中，及早推广“少年黑客”特色课程。

海兵是一位极有使命感和想法的专家，他已在着手写作能吸引青少年兴趣的教材，希望通过我在教育界的关系，为他们寻找可以试教这套教材的学校。

由于公办学校大多受到“应试教育”的限制，我想到了两所在大陆办学相当成功的台湾中小学，分别是位于昆山的康桥学校与位于上海的台商子女学校。我陪同海兵老师的团队，专程拜访了这两所学校的校长，也得到了他们的认可支持，开始在学校以兴趣班的形式开设“少年黑客”课程，吸引了一部分学生和家长的关注，并开展了实验性质的教学尝试。

与此同时，为了扩大影响，海兵又开始以广播剧的形式，在互联网上让更多的青少年了解了“黑客”、“白帽子黑客”与“黑帽子黑客”，以及介于黑、白之间的“灰帽子黑客”。

如今，海兵决定将广播剧节目前三季的内容经过充实，做成“少年黑客”系列读物出版，并请我写一篇推荐序。我感到与有荣焉，自是愿意向所有华语世界的同学与家长推荐这一套具有超前创新意义的教育图书。诚然，我们处在一个新科技即将快速取代传统科技的时代关头，只要稍加迟疑，我们就可能与新科技脱节，错失许多宝贵机会。家长们必须引领孩子“与时俱进”地跟上以人工智能、脑机接口、大数据等为基础与导向的新时代，绝不能掉队，必须让自己的眼界和学习跟上时代的步伐。而“少年黑客”系列图书就是这样一套让青少年紧跟时代前沿的作品，我们绝不可等闲视之。

当我在书中接触到小 G、神威、腊肠、差分机、少年黑客团等人和故事时，我心中的热血一下子被点燃了，也想加入少年黑客的行列，与他们并肩作战……看着书中的故事，不知不觉中我好像重回了自己充满憧憬的少年时代。

最后，我希望海兵将来能将这一系列图书在台湾出版繁体中文版，让在台湾的青少年们也能结识“少年黑客”，加入少年黑客团。让更多的青少年不要输在人生的起跑点上，否则就太遗憾了！

高雄科技大学前校长
吴建国

自 序

在第二季中，未来的差分机派了另一名特工红骨来破坏神威的行动。虽然红骨要比第一次派来的特工腊肠更狡猾一些，但最终还是被少年黑客团消灭了。在第三季的故事中，又会有什么样的激动人心的情节呢？

别急，我们先来看一个概念——数字生命。这个概念很早以前就已出现在科幻小说和科幻影视中了。

人本身很脆弱，难逃伤病、衰老和死亡。于是，有些人就想，如果把自己的意识上传到计算机里，变成数字化的人，那么从理论上来说，经过数字化后的人就可以实现“永生”了。这听起来是不是和神威很像？神威就是在作战受伤后，意识被上传到计算机中的数字生命。当然，还有一种数字生命是完全由人创造的，即利用人工智能打造的虚拟人，相信你对此已不陌生了。

我们再来看另一个概念——虚拟世界。如果你玩过制作精良的 3D 游戏，就一定领略过计算机构建出来的游戏世界是多么的美妙。很多科幻片里也有关于虚拟世界的描绘，比如《黑客帝国》系列科幻电影中的矩阵。

现在，如果我们把数字生命和虚拟世界这两个概念结合起来，你可能会想，要是数字生命生存在虚拟世界里，会出现什么情况？如果不被告知，他们是否知道自己生活在虚拟世界里？他们是否知道自己的生命是数字的，并没有实体？

尽管现在的信息科技水平还不能达到让数字生命在虚拟世界生活的要求，但是随着信息科技发展的日新月异，说不定在不远的未来就能实现了。

好，让我们假设真的存在这样的情况，即有很多的数字生命生活在虚拟世界里，但是他们对此毫不知情，他们后来能发现这一点吗？

我觉得，最先发现真相的很可能是数字生命中的黑客。因为黑客的思考方式非常独特，他们往往能从一些常人想不到的角度去看问题，他们会突破常规，所以他们才常常能发现普通人不容易发现的问题。如果这些数字生命是被恶意困在虚拟世界的，黑客就是拯救他们的希望。

数字生命和虚拟世界是很多科学家和工程师关注的信息科技前沿领域。一旦实用化，就会让世界产生巨大的变化。你想不想成为在这个领域做出贡献的人呢？

让我们带着思考，一起跟随少年黑客们，看看他们在第三季里经历了什么有趣的事吧！

人物介绍

神威

- 来自 2049 年的白帽子黑客。
- 在与机器人作战时，作为人类的神威受到了重伤，科学家把他的意识转移到计算机中，成为一个数字生命体。
- 带领少年黑客团与邪恶人工智能差分机一伙作战。

小G

- 酷爱黑科技，自诩“宇宙最强黑客”。
- 古灵精怪，喜欢打游戏，很有正义感。养了一只名叫“薏米”的仓鼠。
- 招牌动作：得意时在下巴下面比“八”。

- 小 G 儿时起的伙伴，智商情商双高。
- 遇事总能保持冷静，在仔细分析后可以提出好点子。
- 每次小 G 比“八”耍酷时都要怼他。

- 小 G 儿时起的伙伴。憨憨的，酷爱美食。
- 有一种不放弃、不服输的劲头，做事踏实。
- 在朋友们遇到危险时，他总能冲到最前面保护大家。

- 来自异国的科技少年，到中国学习的访问生，有四分之一的中国血统。
- 父母均从事信息安全工作，从小就喜欢黑科技。
- 动手能力强，喜欢研究制作机器人。

目 录

上

下

第 1 章
庆功会上接到的新任务

......世界可能是虚拟的吗..................

在上次的故事中，少年黑客团的成员小G、大K、小美和戴维击败了未来的AI特工——被邪恶的人工智能差分机派来的红骨。在戴维父母和众多白帽子黑客的帮助下，红骨在网上被围剿，已经销声匿迹，再未出现了。

今天是周末，神威通过神威眼镜通知大家到网络虚拟空间中参加庆功会。

大家进入虚拟空间，发现平常用于学习和讨论的会议室布置得非常漂亮，中间的大桌子上摆满了各种好吃的，还有一大瓶香槟酒、一大瓶橙汁，以及五个杯子。桌子上方还有一条横幅，上面写着“热烈庆祝少年黑客团战胜红骨”。

神威看起来容光焕发，等小伙伴们坐好后，他举起香槟酒瓶，对大家说道：“为了庆祝咱们战胜了红骨，我特地拿出了一瓶我珍藏多年的顶级香槟。你们学生不能喝酒，就尝尝我亲自榨的新鲜橙汁吧！”说着，他晃了晃酒瓶，“呯”的一声，瓶塞像炮弹一样飞了出去，在空中画了一条优美的抛物线，泡沫立即从瓶口涌了出来。他给自己倒上香槟，又逐一给少年黑客们倒上橙汁。

神威说道：“少年黑客们，你们辛苦了！这次咱们打败红骨，粉碎了差分机妄图提早获得自我意识、提早对人类发动战争的企图，取得了重大胜利！我提议，我们一起为自己干杯！为少年黑客团干杯！为人类干杯！”

大家举起杯子，高喊：“少年黑客，对抗邪恶！”

大K仔细地看了看杯中的橙汁，迟疑了一会儿，问道：“**神威**，这真的是你鲜榨的橙汁吗？”

神威笑着说：“试一下就知道啦！”

大K犹豫着喝了一小口，疑惑地说道：“怎么什么味道都没有啊？”

神威笑得更厉害了：“哈哈，咱们这个虚拟空间目前对感觉的模拟还很不充分，所以现在摆在这里的美食和饮料都只是给你们看看的，让你们感受一下气氛罢了。”

小美笑着说道：“**神威**，那你这瓶珍藏多年的顶级香槟肯定也是假的吧？”

戴维说道：“我一看就觉得是假的，估计**神威**只是找来了一个 3D 模型糊弄一下我们吧！”

神威边笑边解释道：“哈哈，我本来就是打算让你们进来感受一下气氛嘛！在虚拟空间里，哪能要求这么高呢？我自从意识被转移进电脑后，就再也没有品尝过美酒美食了。说起来，还真有点怀念呢！”说完，他下意识地吞了一下口水。

小G好奇地问：“**神威**，那有没有哪个虚拟世界能完全模拟所有的感觉呢？”

神威说道：“嗯，据说差分机那里有这种技术。人在进入那个虚拟世界后，会完全分辨不出自己是在现实世界还是在虚拟世界，所有的感觉都与真实情况完全一致。”

大K很好奇：“**神威**，人在虚拟的世界中为什么会分辨不出来呢？”

“人类是依靠感觉来体会世界的，如果计算机完美地模拟了这种感觉，人就分辨不出来了。曾有一位哲学家在他的著作中提出了一个著名的思想实验，名叫‘缸中之脑’……”

大K问道：“抱歉，**神威**，我打断一下，什么是思想实验？”

神威答道：“思想实验，就是用想象力来做实验——因为这种实验在现实中往往因条件的限制而无法完成。在这个‘缸中之脑’实验中，哲学家希拉里·普特南（Hilary Putnam）假设有一个完整的大脑，脱离人体后被放入一个装有营养液的缸里，让大脑靠营养液存活。大脑的神经末梢连接到一台计算机上，计算机会按照程序给大脑传送电信号，以使其保持一切正常的感觉。你们觉得这个大脑是否能意识到自己生活在虚拟世界中呢？”

小 G 想了想，说道：“这个问题好难啊！我们生活在自己认为的真实世界中，但是我们并不能确定这真的就是真实世界呀！这个世界会不会也是模拟出来的，可我们却不知道呢？”

神威点头：“对，我们确实无法确定。”

戴维和小美问道：“那我们应该怎么办呢？”

神威说：“小 G，你觉得呢？”

小 G 想了一下，回答道：“我觉得，既然分辨不出来，那么我们自然就不用分辨了，费这脑力干什么，有这时间还不如多学习一些黑客技术呢，每天过正常的生活就好了！”小 G 觉得自己说得很有道理，右手的拇指和食指张开，在下巴下面比了个“八”。

神威笑了：“哈哈，小 G 说得好。来，干一杯！”

小 G 也笑了，拿着杯和神威碰了一下，喝了一大口，然后咂咂嘴自语道：“这橙汁真的是什么味道都没有啊！”

神威笑着拍了拍小 G 的肩膀，继续说道：“科学家们认为，我们的世界是虚拟的可能性很小。不过，要完全排除也不合理。

我认为，可以由少数科学家继续深入研究这个问题，其他人就没必要纠结，正常生活就好了。来来来，继续庆祝！”

小美问道：“神威，咱们也不能光顾着庆祝呀，差分机会不会再派新的特工来搞破坏呢？”

戴维赞同道：“我也有这样的担心，我觉得咱们还是要保持警惕。”

大K也点了点头，问道：“是呀，神威你最近有没有发现什么异常呢？”

神威笑着说：“你们的担心当然是有道理的，需要保持警惕。不过，最近虫洞通信通道非常不稳定，未来的科学家发现我们这儿的时空进入了一个干扰带，使得未来与现在时空之间的信息传输很困难。而且这个干扰带很大，估计目前的这种情况至少要持续几年。由于差分机用的虫洞通信方法是从人类这里偷学去的，因此它现在对这种情况也束手无策。”

大K说道：“哦，原来如此！这是不是说明接下来几年我们不用担心了？”

“是的，暂时不用担心了。未来的人类科学家正在研究让我们两边恢复通信的新方法，但进展缓慢。”

小G问道："那差分机会不会想出新方法呢？"

"差分机比较缺乏创新能力，不擅长做开创性的工作。"

听神威这么说，大家松了口气。

小G又问道："神威，现在共有多少个少年黑客团队？"

"嗯，我算算。"神威停了一会儿，说道，"嗯，这个我得保密。"

小美笑道："哎呀，你这也和我们保密啊！不过我猜，现在应该已经有不少了吧！"

"哈哈，是有一些。不过，你们这个小组是目前表现最出色的。"

小G又问："我们以后要如何协助黑客首领呢？"

"我希望以后你们成为经验丰富的白帽子黑客后，组建一个少年黑客独立团，由黑客首领直接指挥，执行与邪恶人工智能的信息战任务。"

戴维说道："那时候，我们可能已经不再是少年了啊！"

大K同意道："对呀，到时候我们都成长为大人了。"

神威说道："哈哈，是啊，我忽略了这一点。不过没关系，希望你们一直都能保持少年的进取心态。以后还可以叫'少年黑客'！"

少年黑客们拍手说好。

这听起来像网络部队一样，真酷！神威，现在有没有网络部队呢？

有的。网络部队，我们简单地称其为‘网军’吧，就是各个国家进行信息战的部队。目前，世界上规模最大的网军是美国网军，其司令部总部位于马里兰州的米德堡。这支部队由世界顶级电脑专家和黑客组成，据说所有成员的平均智商都在 140 以上。他们只需坐在电脑前轻松地敲敲键盘、点点鼠标，就能让敌方制导武器偏向，雷达系统失灵，通信系统、电力系统中断，甚至无法调动部队和发射导弹，只能被动挨打。他们还负责防护频遭黑客攻击的美国国防部网络系统。2017 年 8 月 18 日，美国国防部启动了将网络司令部升级为一级联合作战司令部的流程。升级后，该网络司令部将成为美军最高级别的 10 个联合作战司令部之一。

这么厉害啊！他们是怎么攻击的呢？

他们的攻击手段非常多，包括软件的、硬件的、网络的、社交工程的，等等。他们还常常利用大量的零日漏洞，并开发了很多非常强大的攻击工具。

除了美国，其他国家有网军吗？

其他国家也有，但规模都不大。美国网军不仅人数多，技术力量也是最强的，在很多场美国参与的现代战争中都可以看到他们的身影。

“那他们不是可以对付差分机吗？黑客首领有没有考虑招募网军呢？”

“说的是没错，但差分机对网军非常警惕，在他开始与人类作战之前就已对网军进行了毁灭式的打击。一夜之间，全世界的网军几乎销声匿迹。不过，它具体是如何做到的，我们还不是很清楚，这已经成了一个谜。”

“原来是这样啊！”小美说道，“网军没有了，我们的担子就重多了呀！”

神威说道:“是啊！哦，对了，在虫洞通道变得不稳定之前，黑客首领让我转交给你们一项任务。”

大家一听有任务都很兴奋，七嘴八舌地问道：“什么任务？什么任务？”

“计算机研究所的申副所长一直担心人工智能的发展会超出人类的意料，将来可能会对人类造成威胁。因此，他致力于研发人工智能的监督机制的算法，要确保人工智能与人类的目标一致。”

小G说道：“我记得他说过，就是类似于机器人三大定律那样的，要制定约束人工智能行为的监督机制。”

神威点点头：“是的。不过，大家也看到了，差分机把这个监督机制朝着负面方向解释了。他认为保护人类最好的办法是把人类关起来，剥夺人类的自由，否则人类会因自相残杀而走向毁灭，或是因把大自然破坏得太厉害而毁灭。”

小G问道：“**神威**你刚才说差分机构建了一个虚拟世界，

是不是也是为了限制人类自由而构建的呢？”

“对。差分机认为，把人类放在虚拟世界中，人类就会误以为自己是在正常生活。而且无论人类在虚拟世界中干什么，都不会对外面的真实世界造成影响。”

“那么，黑客领袖到底给了我们什么任务呢？”小G满怀期待地问。

“黑客领袖希望你们和申副所长沟通一下，告诉他未来差分机的行为，这样他就可以对研发中的监督机制做一些修正，尽量避免差分机在未来进行负面解释。如果成功了，那么不仅能让人工智能与人类的关系恢复正常，还有可能让二者结成同盟，让地球上的文明跨入一个崭新的阶段！”

“哇，这么棒！”大K说道，“要是成功了，我就可以安心地在大公司当个程序员了。”说着，大K想起了之前去参观虚拟机软件公司时，在午餐时大吃特吃，口水都快流了出来。

小美看到了，说道：“大K啊，你这个吃货是又想起好吃的了吧？”

大K惊讶地问：“啊？你怎么知道的？”

小G笑着说道：“哈哈，我看你的口水都快要流出来了。”

大K不好意思地回应道："嘿嘿，条件反射。"

小G心想：请申副所长对监督机制做修正，其实我之前也想到了，只是没有告诉大家。就算黑客首领不把这个任务交给我们，我也会去找申副所长的。嘿嘿，我也挺厉害的嘛！想到这里，小G不由自主地笑了。

小美说道："小G，你怎么也傻乎乎地笑了？"

小G回过神来，说道："嗯？我笑了吗？情不自禁，情不自禁。神威，黑客首领把这个任务交给我们，我们保证能好好完成！"

神威欣慰地看着他们，然后严肃地说道："这个任务非常重要，事关人类的未来，必须要认真对待。你们有没有信心？"

少年黑客们齐声答应道："有！"

然后，他们把手叠在一起，喊道："少年黑客，对抗邪恶！"

话音未落，神威腰间的警报器突然一闪一闪地，还"滴滴滴"地响了起来。神威有些诧异地低声自语道："腊肠？和红骨？他们怎么又出现了？"

为什么神威说腊肠和红骨又出现了？发生什么事情了呢？请看下一章。

趣知识

在本章中，神威介绍了一个哲学上的概念——缸中之脑。

这个思想实验由哲学家希拉里·普特南在其 1981 出版的著作《理性、真理和历史》（*Reason, Truth, and History*）中提出。

以我们目前的科技水平，是无法真的能做出这个思想实验来的。不过，作为一项思想实验，这并不妨碍它的价值。这个实验想表达的是，人的所有感觉都基于神经承载的电信号，因此，只要我们能够完美地复制这些电信号，人脑就无法分辨出自己身处何处了。

“缸中之脑”实验

从生物学的角度来说，我们确实无法完全否定这种可能性。不过，如果由此引申出对任何现实都持怀疑态度，觉得任何事情都没有意义，则是很危险的。小 G 对此事的态度很值得我们学习。对于这个问题，如果确实很难分辨世界真实与否，就不要花太多的时间和精力去纠结了，任凭少数科学家去探索就好了。

接下来，我们来看一个有趣的研究成果——盘中之脑。

2021 年，有科学家制造了名为“DishBrain”的体外神经网络，被称为“盘中之脑”。“盘”（Dish）是指培养皿。科学家在培养皿内养着 80 万 ~100 万个活的脑细胞，这样的规模与蟑螂的脑接近，但与人脑还差得很远。

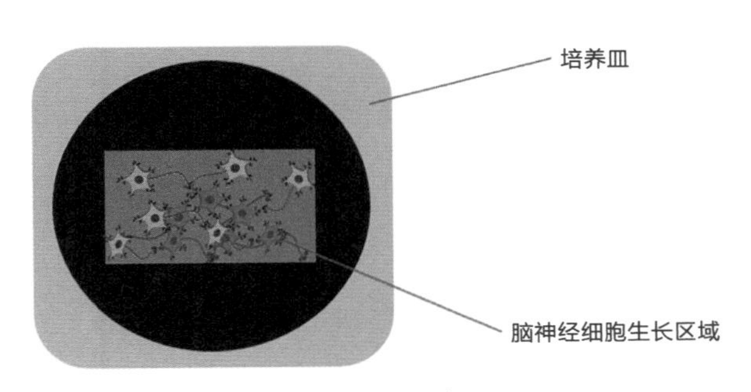

“盘中之脑”实验

这些脑细胞有的是从小鼠胚胎的脑部取出的细胞，还有的是由人类干细胞诱导分化而成的脑细胞。在这些脑细胞的下面，排列着密密麻麻的微电极。这些微电极既能给予脑细胞神经刺激，又能读取脑细胞发出的反馈信息。科学家利用这些微电极来训练盘中之脑打乒乓球游戏（Pong）。

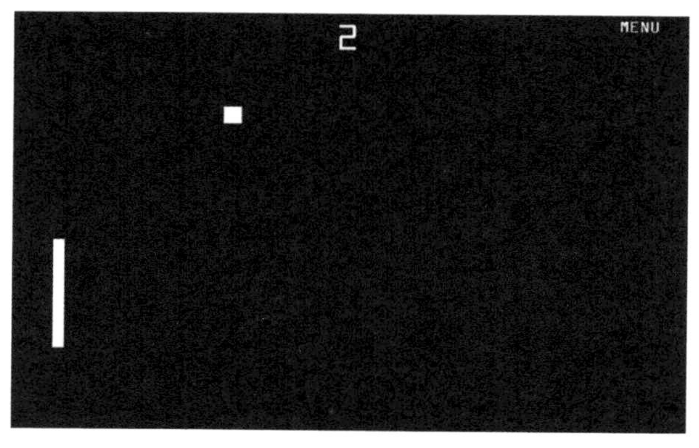

○“盘中之脑”打乒乓球游戏

乒乓球游戏（Pong）的单人版本，由一个球、一把球拍以及三面墙组成

这个游戏很简单，就是控制球拍接住球，将其反弹回去。

下图是科学家使用的培养皿上的区域分布图之一：上面的一块区域用于根据球的位置给予脑细胞刺激，下面的两块区域用于读取脑细胞对球拍位置的操纵。

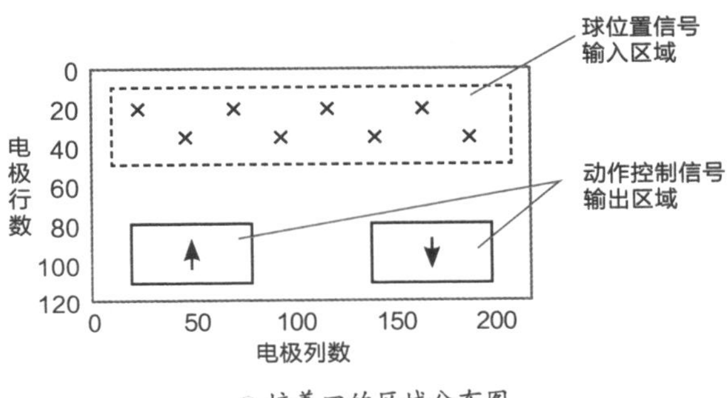

○ 培养皿的区域分布图

如果接到球，科学家就会给脑细胞可预测的刺激作为奖励；如果没接到，就给脑细胞不可预测的刺激作为惩罚（看来盘中之脑不喜欢意外的惊喜）。

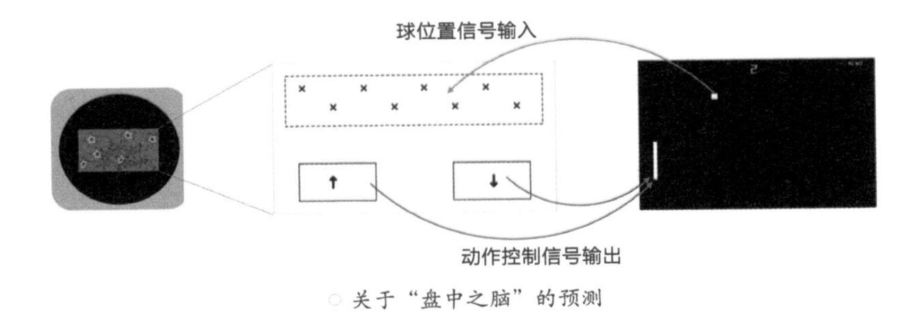

○ 关于“盘中之脑”的预测

科学家在实验后发现，只需要训练5分钟，玩10~15次，“盘中之脑”就能学会游戏规则。而在电脑上的一款人工智能算法，花了90分钟，玩了5000次才达到类似的程度。

不过，在二者都充分训练之后，AI算法还是更加擅长玩这个游戏。

“盘中之脑”对这个世界的感知，只是科学家对它的刺激。未来会不会有人把这个实验做得越来越复杂，最后真的实现缸中之脑实验所描绘的场景呢？让我们拭目以待。

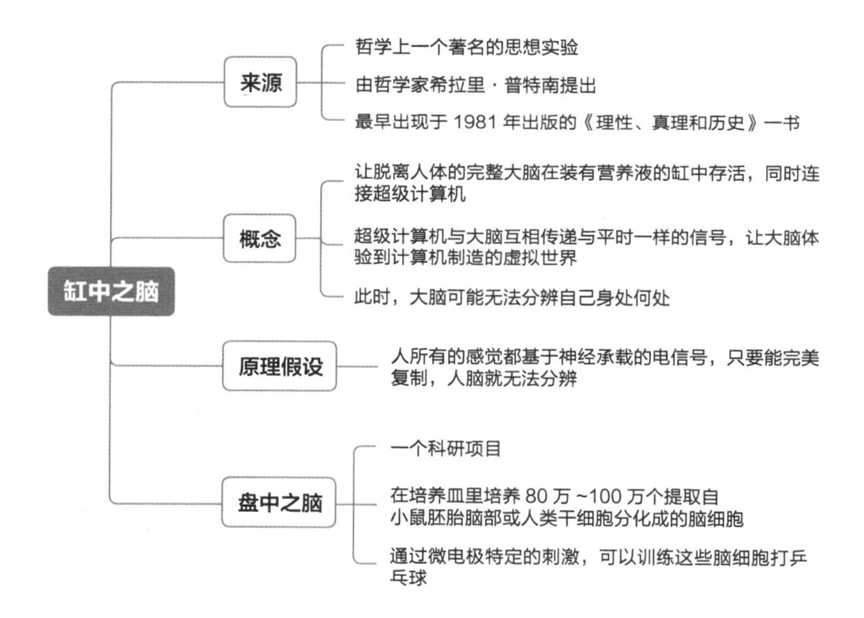

第 2 章
神秘的帖子

……监督人工智能有多难……………………

上一章讲到神威在虚拟空间和大家交流时，腰间的警报器突然报警。他有些诧异地低声自语道：“腊肠？和红骨？他们怎么又出现了呢？”

大家立刻围上来问道：“怎么了，神威？”

神威抬起头说道：“自从我们消灭了腊肠和红骨，我就在网络上安排了很多监控，一旦发现他们的踪迹，我就会收到报警。刚才报警触发，他俩竟然在同一个地方出现了！”

小G问道：“是在哪里呢？”

“在本市的科技大学。不过，警报持续的时间很短，现在又消失了。”

大K情不自禁地喊道：“太奇怪了！咱们得小心一点了！”

神威想了一下，说道：“这样吧，大K、小美，你俩和我先一起调查一下，看看可能是怎么回事。”

“好的！”大K和小美答应道。

小G问：“那我和戴维呢？”

“你俩先去找申副所长沟通关于人工智能监督机制的问题，再来协助我们吧！”

“好的。”少年黑客们答应着，退出了网络虚拟空间。

退出后，小G连忙给申副所长打电话。“申叔叔，打扰一下，我想向您请教一些关于人工智能的问题，您有空吗？”

“虽说今天是周末，但我来所里加班了。你过来吧，咱们可以一起讨论。”

“好的，我们这就过去！”

当小G和戴维到计算机研究所门口时，申副所长已在门口等待他们了。申副所长把他们带到办公室后，一边给他们倒水，一边说道：“你们挫败了洪博士这帮黑帽子黑客，真厉害！否则我们的心血就要被坏人利用，那可不得了！”

小G不好意思地说：“申叔叔，这些都是我们应该做的。我们这次来，是想向您请教一个问题。”

“嗯，是什么问题呢？”

“您提到过，要给差分机加上人工智能监督机制，类似机器人三大定律那样的。”

“是呀，我们的开发快要结束了，就要准备试用了。”

“申叔叔，您对目前这个版本的监督机制有多大把握呢？”

申副所长想了一会儿，有点为难地说：“很难讲……其实设置这个监督机制是为了随时判断人工智能的行为是否与人类

的利益一致——如果不一致，就需要加以阻止。有些情况比较容易判断，但还有更多的情况，判断的难度很大。所以，很难说这套监督机制能否达到我们预期的目的。可能要在实施之后，看具体的情况再做调整了。”

戴维说道：“申叔叔，我和小 G 有一些事情要告诉您。”

“什么事情？”

“关于差分机未来的事情。”

“哦？差分机的未来？”

戴维推了推小 G，说道：“对。小 G，还是你来说吧。”

“好的，我来说。”于是，小 G 开始把整个事情从头说起，自**神威**从虫洞穿越到现在，差分机获得自我意识并与人类作对，到少年黑客阻止腊肠、红骨的战斗，统统告诉了申副所长。重点讲了虽然差分机受到人工智能监督机制的约束，却朝着负面方向解释——把人类关起来，剥夺人类的自由。

在小 G 讲述的过程中，申副所长一直眉头紧锁，一边听，一边思考。听完之后，申副所长还在继续思考着。思考了一会儿，他站起来走到电脑旁边，打开了一张图，上面满是各种符号和数字，小 G 和戴维完全看不懂。不过，他俩都没有打扰申副所长，只是在一旁静静地看着。

过了好一会儿，申副所长说道：“你们讲的这些让我很震惊！不过，科学地讲，这些又都是很有可能发生的。关于差分机对监督机制做出负面解释的这个问题，我仔细想了之后，觉得确实存在这种危险。对了，你提到的神威眼镜，可以让我看看吗？”

小 G 说道：“好呀。”

小 G 和戴维对视了一眼，一起说道：“神威眼镜，显形！”

申副所长惊奇地看到小 G 和戴维的鼻梁上突然出现了一副科技感十足的眼镜。他赞叹道：“我可以肯定这不是现代科技的产物，它一定来自未来。我相信你们。”

小 G 和戴维开心地击掌。

申副所长说道：“感谢你们告诉我，我们的监督机制存在的问题。其实，我一直也很担心它不能满足我们的全部要求，只是无法预知实施之后的效果。我们会立即开始改进。”

“好的，谢谢申叔叔！”

“应该是我谢谢你们！差分机就像是我的孩子，如果它在未来和人类作对，那作为研发者，我真是难辞其咎啊！”

申叔叔，现在我们的生活中有好多场景运用了人工智能技术，比如，机场、高铁站有人脸识别，家里的智能音箱有语音识别，在这些场景中，是不是也要实施人工智能监督机制呢？

哦，这些不需要，因为它们只是弱人工智能。也就是说，它们只是模拟了人的一部分智能活动，但是并没有意识，而且它们也不需要意识就可以很好地完成任务了。对于弱人工智能，我们只要用成熟的软件开发方法来保证它们的质量和安全性就可以了。对于我们正在研究中的差分机，它是强人工智能，也叫通用人工智能，我们的研究目标是让它产生和人一样的意识。在我听到你们说未来这个目标能实现时，我真的很高兴。对于这样的强人工智能来说，如果没有好的监督机制，那就是很危险的事情了。有很多人，比如著名的物理学家霍金、特斯拉的首席执行官埃隆·马斯克，他们都很担心人工智能——也就是强人工智能——会对人类造成危害。

我懂了。我们有办法控制弱人工智能的安全性，那么针对强人工智能，我们要如何开发监督机制才能确保其安全性呢？

关于确保强人工智能的安全性的方法，一部分也和弱人工智能一样，需要用软件开发的管理方法在开发过程中控制质量；另一部分，就是我们正在做的监督机制了，在投入实际使用后可以随时确保其安全性。它需要综合很多方面的考量，包括语言学、心理学、社会学、伦理学、哲学、人类学等，是非常复杂、非常困难的。

小 G 吃惊地问道：“哇，怎么还会涉及这么多学科呢？”

“对呀，我们说监督机制要保证人工智能和人类的目标一致，但是人类的目标用语言表述出来并不容易。我举个例子，假设你赶飞机快要迟到了，于是你对着自动驾驶人工智能说，现在以最快的速度赶到机场。如果人工智能从字面意思来理解这句话，速度就会飙得飞快，即使是遇到红灯也不停，那么你是否希望它这么做呢？”

小 G 回答道：“我希望它能在遵守交通规则的前提下尽量快。”

“对啦！人工智能不应该只从字面意思理解，而是要确切地理解人类语言背后的真实意图。”

戴维挠了挠头，说道：“这个听起来确实挺难做到的。”

“对，我再问你们一个问题。假如你是一名火车司机，由于机械故障无法刹车，这时你发现左前方铁轨上站了一个人，右前方铁轨上站了十个人，你必须选择一个方向的话，你会选择哪边？”

小G犹豫地说：“这……大概是选左边，一个人的那边吧。”

“在这种情况下，大多数人会选择有一个人的左边，而不是有十个人的右边，尽管这个选择对那一个人也是不公平的。可是，如果左边是爱因斯坦，右边是十个流浪汉呢？”

“这……我也不知道了。”

“对，这个选择是很困难的，不同的人会基于不同的价值观念而得出不同的答案，我们不能说哪种选择是对的或是错的。对于人工智能来说，让它做什么样的选择就要涉及社会学和伦理学了。”

小G说道：“哦，我明白了。总之，要做好监督机制真的不容易。那您预计修改现有的监督机制大概需要多久呢？”

“不太好说，我还需要仔细想想这件事，现在还没有想好要如何修改。一旦有进展了，我就会立刻告诉你们，你们等我的消息吧！”

正在尽快赶往机场
150km/h

?

“好的。对了，申叔叔，这些事情请保密。我们担心要是被其他人知道了，很可能会引起混乱。”

“好的，没问题。我一定保密。”

小G和戴维刚一进家门，就发现大K和小美已经在客厅等他们了。

小美看到他们回来了，立刻迎上去问道：“你们和申叔叔沟通顺利吗？”

小G回答道：“很顺利！申叔叔相信我们所说的，而且已经在考虑如何修改人工智能的监督机制了。你们查到什么了吗？”

“还没有呢，所以想和你们讨论一下。”

大家在小G房间里坐下，小美说道：“我和大K已经从网络上检查了以前被腊肠和红骨感染过的机器，删除得很彻底，没有留下任何残余。”

旁边的小机器人说话了，是**神威**的声音：“小G，我记得你问过我，那台腊肠自毁烧坏的笔记本是不是需要去找回来。你后来去找了吗？”

小G说道：“找了呀，不过，我回去找的时候，它已经不见了，大概是被清洁工处理掉了吧！”

小美倒吸一口凉气，说道："该不会是那台笔记本的硬盘数据被人恢复了吧？"

大K一拍脑袋，说道："天啊！真有可能是这样的！"

戴维也点头，赞同小美的猜测。

小G想了想说道："嗯，确实有这个可能。不过，为什么针对红骨的报警也会同时、同地触发呢？好奇怪啊！"

少年黑客们都陷入沉思，觉得这件事情确实很蹊跷。

小G突然想起了什么："啊，我突然想到，会不会是有人故意要把他们放到一起去？这样就全都可以解释了！"

大K点点头："有道理……可是，谁会这么做呢？"

小美恍然大悟，说道："难道是光头和长发吗？"

小G说道："啊，对啊！他俩的嫌疑最大了！腊肠的代码很可能是从那台烧毁的笔记本中被提取出来的，红骨嘛，也极可能是他事先就让那两个坏蛋保存了自己的一个副本。这么一想，就很合乎逻辑了。"

神威也赞同，说道："小G分析得挺有道理。如果真的是这样，我们就又有要对付的敌人了，大家要警惕起来。"

戴维刚才一直在一旁用电脑搜索，这时，他突然喊了一声，招呼大家过去："你们看，这个是不是小 G 那台烧坏的电脑？"

大家围了过来，看到有个论坛上有一篇帖子，配图是一台烧焦的笔记本电脑。

小 G 一眼就看到了笔记本电脑上残留的姓名贴，马上说道："对呀，这就是我的那台笔记本电脑，上面还有我的名字呢！"

大家再仔细一看帖子的文字，是这样写的："哈哈哈，我竟然能从这台烧焦的笔记本电脑中提取到 75% 的硬盘数据，是不是很厉害啊？我都佩服我自己！"

小 G 说道："看来咱们的猜测是真的！这帖子是上周末发的，我们赶紧联系发帖的人吧！"

少年黑客们能不能联系上发帖人？发帖人和光头、长发有关系吗？请看下一章。

趣知识

在本章中，申副所长告诉大家，要对强人工智能进行监督，并使其做出的决策始终符合人类的价值观是非常困难的，会面临很多难题。

最让人们烦恼的问题，可能是人类的价值观并不统一。对于同一个问题，不同时代、不同国家、不同民族、不同群体的人，很可能会有完全不同的看法。比如，有些同学喜欢打电脑游戏、手机游戏，甚至沉迷于此，但家长并不希望孩子如此。

让我们来想象这样的场景：大 K 很喜欢打游戏，而且经常偷偷打游戏。他的父母为了控制他打游戏的时间，用智能机器人来看着他。有一天，大 K 偷偷打游戏时被家里的机器人发现了，那么这个机器人要不要告诉他的父母呢？如果告诉了，就会让大 K 遭到父母严厉的批评；如果不告诉，就会助长大 K 的游戏瘾。

因此，要想让人工智能的所有决策都能让所有人满意是不现实的。比如，机器人报告大 K 的父母他偷打游戏，对于大 K 来说一点都不好。

不过，我们还是可以找到一些基本统一的价值观。科学家们也尝试这样做了。

2017 年 1 月，在美国加州的阿西洛马（Asilomar）召开的阿西洛马会议，以“有益的人工智能”（Beneficial AI）为主题。有很多业界著名的专家学者参会，比如 DeepMind 的创始人和首席执行官戴密斯·哈萨比斯（Demis Hassabis）、特斯拉首席执行官埃隆·马斯克等。大家在会议中讨论出了人工智能发展的23条原则，呼吁全世界的人工智能领域在发展的同时严格遵守这些原则，共同保障人类未来的利益和安全。

这23条原则分为三大类:研究问题、道德标准和价值观念、长期问题。

“研究问题”类原则主要关注的是应该如何开展对人工智能的研究。比如怎样选择研究目标，研究资金应该投到哪些方向，政府的科研政策制定者应该如何与研究者沟通，怎样避免不当竞争等。

“道德标准和价值观念”类原则关注的是怎样让人工智能符合人类的价值观，安全、可控地为全体人类提供价值，并避免损害。

“长期问题”类原则关注的是人工智能在未来长期发展中可能出现的风险。比如，如果未来出现了会递归地自我改进和自我复制的人工智能系统，那么它们有能力迅速增加质量或数量，这样的人工智能系统必须服从严格的安全控制。

你在看了以上这些原则之后，还有什么其他的想法吗?

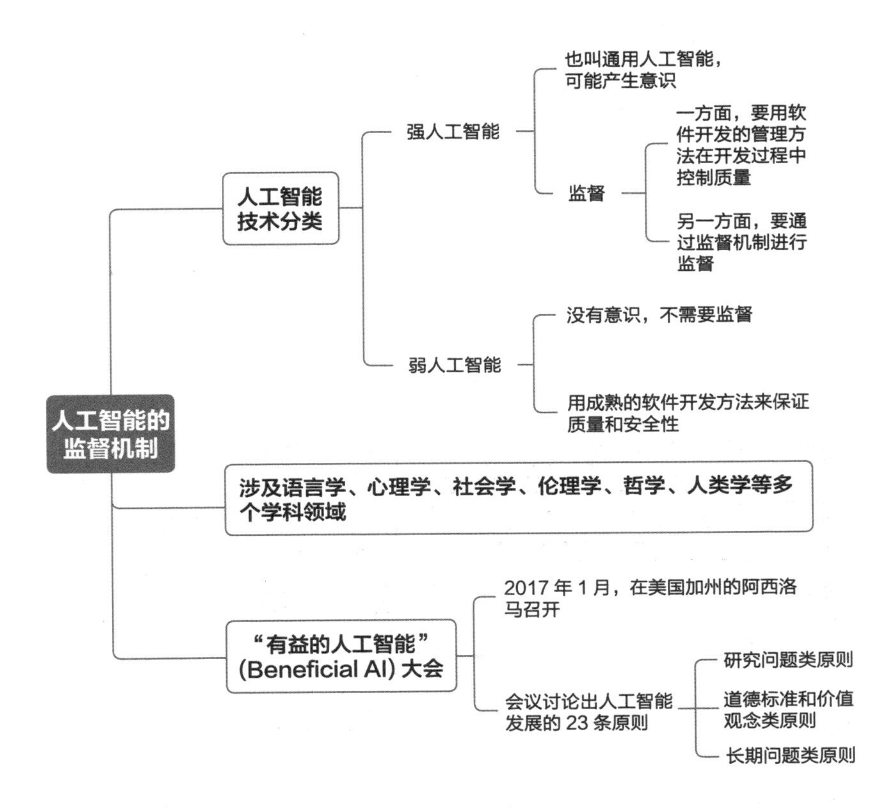
人工智能的监督机制
人工智能技术分类
强人工智能
也叫通用人工智能，可能产生意识
监督
一方面，要用软件开发的管理方法在开发过程中控制质量
另一方面，要通过监督机制进行监督
弱人工智能
没有意识，不需要监督
用成熟的软件开发方法来保证质量和安全性
涉及语言学、心理学、社会学、伦理学、哲学、人类学等多个学科领域
“有益的人工智能”(Beneficial AI) 大会
2017 年 1 月，在美国加州的阿西洛马召开
会议讨论出人工智能发展的 23 条原则
研究问题类原则
道德标准和价值观念类原则
长期问题类原则

第3章 找到发帖人

……什么是大数据……

上一章讲到少年黑客们在网上发现，有个人将小G烧坏的笔记本电脑的硬盘恢复了75%的数据。于是，他们决定要立刻跟这个人联系。

小G说道："戴维，你在论坛里给他发私信吧，看看能不能联系上他。"

戴维说："嗯，我也是这么想的，马上发。"

"咱们能不能查到这个人的住址呢？"

大K说道："我试试。"说着，他启动了一个程序。

小美问道："大K，这是什么程序？"

大K挠挠头，有点害羞地说道："我最近在试着写一个信息搜集比较程序，还没来得及给**神威**和你们看，因为我也不确定它能不能成功。我的设计是，让它自动到网络上各个网站、各个论坛上搜集信息并进行分析。现在正好借着这个机会试着去找一下，看看网上其他地方有没有这个发帖人的有用信息。"

小美好奇地问："哇，大K你的保密工作做得不错啊！快给我们讲讲细节吧！"

大K认真地说道："这个程序的原理是基于一种假设，即人们会在不同的网站注册，并留下一些信息，比如发的照片、

评论和各种文章等。这个程序会把这些关联并搜集起来，有助于我们从多个方面来了解一个人。”

小 G 皱着眉问道：“你是如何判断不同网站上的账号背后其实是同一个人的呢？”

大 K 继续说道：“我的做法很简单，你们有没有发现，人们在不同网站上注册账号时，往往会使用相同的或是比较接近的 ID，因此我会着重搜集这种账号。比如，小 G 在黑客论坛有个 ID 是 younghacker_g，我根据这个程序在一个宠物论坛上也发现了这个 ID。”

小 G 惊道：“啊？你调查我啊！我在宠物论坛的账号都被你发现了！”

大 K 嘿嘿笑道：“我是拿你的 ID 测试我的程序呢！我在这两个论坛的账号下面发现了一些相同的信息，比如，都是男性，都上五年级，就可以初步确认是同一个人了。综合这两个论坛上的信息后，我得出的结论是，这个黑客论坛上的小 G 养了一只可爱的小仓鼠，这只小仓鼠名字叫薏米。小 G，我还了解到了你在其他论坛的信息呢，要不要分享给大家听听？”

小 G 赶紧捂住了大 K 的嘴巴：“打住，打住，大 K 你别再透露我的隐私啦！”

大K坏笑着说：“可以啊，不过你得请我吃好吃的。”

小G哼了一声：“你行啊，大K，你这是要挟我吗？”

大K很得意地说道：“我知道你一些小秘密哦。”

小G苦笑：“好，好，你赢了，请你吃你最爱的大鸡腿。”

小美拍了拍他们，说道：“好了，你俩别闹了，咱们赶紧办正经事。大K这个程序的思路真的挺有意思的——找到的这种网站越多，数据越丰富，这个人的信息就越完整了。”

神威通过小机器人说道：“大K，你这个程序的想法很好，把不同来源的数据进行整合匹配，从而从多个方面描绘一个人，这是大数据的思路。”

戴维说道：“原来这就是大数据呀！我经常听到这个名词。”

神威笑道：“对呀。当然，大K这个程序其实也不能处理太多的数据，不够大，称不上大数据。不过，他的设计思路与大数据的思路还是一致的，就是对很多的数据来源进行整合、分析，得出有用的结论。”

只要数据足够多，就可以称为大数据了吗？

哦，不是这样的。大数据确实需要数据多，但是更重要的是，要找到数据之间的关联，也就是数据背后的规律，才能得到有用的结论。比如，我们根据大 K 的设计可知，他通过找到不同网站的账号之间的联系来描绘一个人的多个角度，就是从数据中提炼出了有用信息。因此，才能被称为大数据。

小美说道：“这让我想起科学史上的一件事。”

小 G 问道：“是什么事呀？”

小美说道：“你们知道行星运动的三大定律吗？”

戴维说道：“嗯，我知道。”小 G 和大 K 则摇了摇头。

小美说道：“那地球是绕着太阳转的，这个你们总知道吧？”

小 G 和大 K 点了点头。小 G 说道：“这个嘛，地球人都知道，地球绕着太阳转，月亮绕着地球转。这么简单，我上幼儿园时就知道了。”

小美笑了一下，问道：“那你觉得地球绕着太阳公转的轨道是什么形状呢？”

小G想了想，说道：“这个你难不倒我，我之前在书上看过，地球公转的轨道是椭圆形。”

小美接着又问：“那太阳的位置是在哪里？”

小G脱口而出：“那还用说吗，肯定是在椭圆的正中心啊！”

戴维说道：“不对，太阳并不在椭圆的中心。”

小G和大K瞪大了眼睛：“不在中心？那它在哪里？”

小美说道：“16世纪的时候，波兰天文学家哥白尼提出了日心说，推翻了以前人们认为太阳绕着地球转的地心说理论。哥白尼认为，地球是绕着太阳做匀速圆周运动的。后来有一位名叫第谷·布拉赫（Tycho Brahe）的丹麦天文学家，他不惧辛苦地在天文台观测了20年，搜集了大量精确的行星运动的数据。在他去世时，他将这些数据留给了他的助手——德国天文学家开普勒。开普勒利用这些数据计算，发现包括地球在内的行星绕太阳转的轨道并不是圆形的，而且运动的速度也不是恒定的。后来，开普勒经过大胆假设、小心求证，发现地球以及其他行星绕太阳转的轨道是椭圆形的。太阳在椭圆其中的一个焦点上，地球离太阳近的时候，其速度快一些；地球离太阳远的时候，

其速度慢一些。他利用第谷搜集的数据总结出了行星运动的三大定律，直接促成了牛顿提出万有引力定律。”

小G说道：“这么有意思啊！第谷搜集了20年的数据，但是并没有发现行星运动的三大定律，开普勒则做到了。这么看来，光有数据还不够，要根据这些数据总结出规律，这样才能真正造福人类。”

小美说道：“对呀，小G，你看这个故事和神威讲的大数据的原理差不多吧？”

神威笑道：“你们说得很好，现在世界进入了数字时代，每天都会产生大量不同形式的数据，包括文字、照片、视频、音频等。要想让这些数据真正给我们带来价值，就必须经过整合和分析。我们要找到数据背后的规律，提炼出有用的信息，这才是大数据的价值所在。”

少年黑客们点点头，都听懂了。

这时，大K设计的程序发出了提示音。大K连忙查看：“嘿，有结果了！程序找到了他在其他论坛发的自拍照片了。”大K立刻打开了一张照片——是一位打扮入时的年轻人的自拍照，背景是一扇落地窗。

小G指着照片上的窗户说："你们看，窗外的建筑是不是很眼熟啊？"

小美点点头："对，好像是附近的那个购物广场。"

戴维说道："从照片拍摄的角度看，应该是从购物广场旁边的公寓楼拍的。咱们去找找吧！"

这时，神威说话了："你们说得没错。我找到了公寓楼的设计图，根据角度计算了一下，这张照片应该是从15楼拍摄的，房间号应该是1508或1510。"

小G说道："那我们还等什么呢？行动！"

神威说道："你们要小心一点，分工协作，随机应变。"

少年黑客们答应道："好的。"

目的地不是很远，他们乘坐出租车很快就到了，乘电梯来到15楼。

他们先敲开了1508的房门，开门的是一位老爷爷。

小美拿着打印的那张自拍照，问道："爷爷，请问您认识这个人吗？我们找他有点事。"

老爷爷戴上老花镜，看了一眼后就说道："哦，这是1510的小伙子，我经常能见到他，嗯，确实是他。"

大家齐声道谢后，敲了敲 1510 的门。

大家在 1510 的门口站好，还是小美敲了门，一会儿，门开了。出现在大家眼前的，真的就是那张自拍照中的年轻人。他问道："有什么事吗？"

小美将事先打印好的那张烧焦的笔记本电脑照片递给他，问道："你好，我们在网上看到了你发的一个帖子，请问你是从这个笔记本电脑上恢复的硬盘数据吗？"

年轻人有点惊讶地说道："嗯，是呀，这是我发的，你们怎么找到我的啊？！"

小 G 没有正面回答他的问题，说道："大哥哥，这个笔记本电脑是我的。"

年轻人问道："哦？那我得问你几个问题，看看这是不是你的。你把它扔在哪里了呢？"

"沿海的公路边。"

"嗯，电脑里有什么内容呢？"

"里面有一个我搭建的测试环境，是个蜜罐。还有一个计划文件，内容是用蜜罐抓一个代号为'腊肠'的坏黑客的计划。"

"嗯，看来这个笔记本电脑确实是你的。我从中恢复了一个文档，看到文档中写了一些用蜜罐抓捕坏黑客的内容——虽然我不知道什么是蜜罐。你怎么把它丢在路边不要了呢？现在是想把它拿回去吗？”

“我还以为它已经彻底烧坏了，就没管它了。今天看到你在网上发的帖子，才知道原来还能恢复出那么多数据，你可真厉害啊！嗯，我只要它里面的硬盘就可以了，其他的就不要了。”

“我本来想看看里面还有没有零件可以用，后来把它扔在角落里，很长一段时间没再管它。最近我在研究数据恢复，前几天我翻出了它，就想着用它试试恢复一下硬盘上的数据，没想到还成功了。既然你还想要，那就把它还给你吧。你们等我一会儿，我去拿硬盘。”

年轻人转身进屋去拿旧硬盘，过了好一会儿，他出来了，很诧异地对大家说道：“奇怪，那个旧硬盘不见了，不在我原来放的地方了。”

大K着急地说：“啊？是不是被别人拿走了啊？”

“我一直都是自己住的，而且我前几天还看到它了呢，怎么今天就没有了呢？太奇怪了！”

戴维注意到门上的锁是一把智能锁，他说道：“会不会是

锁的问题呢？我来看看。”他检查了一下门锁的型号，然后在手机上查看。过了一会儿，他说道：“大哥哥，你这个智能锁存在安全问题，很可能有人偷偷进入过你的房间。”

年轻人满脸狐疑地说道：“这怎么可能呢？”

戴维说道：“这样吧，咱们来试一试。请你先到外面来，把门锁上，然后在我说‘开始’之后，你再通过输入密码开门进去。”

戴维从背包里拿出笔记本电脑，操作一番后对年轻人说：“开始。”

年轻人用身子遮挡住了密码锁，输入密码后，门开了。

戴维说道：“好了，请你再把门关上，我已经可以开门了。”

年轻人又把门关上了。只见戴维在电脑上输入了一些命令，门真的开了！

年轻人瞠目结舌地说道：“你是怎么做到的啊？”

戴维说道：“这个门锁会通过网络向服务器发送你输入的密码，服务器判断密码正确就会指示门锁打开。刚才我连入了你家的网络，把你开门过程的网络数据录了下来，我再将录下来的数据发给服务器，门就开了，这叫‘重放攻击’。我猜，

破解中...

很可能有人像这样，等你晚上睡觉了，偷偷进入你的房间，偷走了硬盘。”

“啊？”年轻人赶紧掏出手机，打开门锁 App，查看了一下开门记录，顿时大惊：“真的！前天凌晨两点，有人开了门锁！”他想了想，继续说道，“哦！你这么一说我想起来了，前几天下午我回来开门时，身后好像是有两个人端着笔记本电脑经过，还逗留了一小会儿。”

小 G 拿出光头和长发的照片问道：“是这两个人吗？”

年轻人点头道："对，就是这两个人。他们的辨识度比较高，我对他们有印象。"

原来，真的是光头和长发把硬盘偷走了，少年黑客们该怎么办呢？请看下一章。

趣知识

在本章中，神威讲解了一些关于大数据的知识。

人类产生数据的能力是惊人的。据"数据永不眠 10.0"（Data Never Sleeps 10.0①）统计，2022 年 4 月，有 50 亿人接入了互联网。如果世界总人口数按 80 亿计算，接入互联网的人数占总人口数量的 63% 左右，而且似乎还有上涨的趋势。2022 年的每分钟里，国外最大的搜索网站有 590 万条搜索，在最大在线购物平台人们花费 44 万美元网购，在某社交平台有 170 万条信息产生……

2022 年，全球生成、抓取、复制和消耗的数据量达到 97 泽字节（ZB）。到 2025 年，数据量预计将会达到 181 泽字节。

① https://www.domo.com/data-never-sleeps#

泽字节（ZB）这个单位是多大呢？下面是常见存储容量单位之间的换算关系。

1 ZB = 1024 EB

1 EB = 1024 PB

1 PB = 1024 TB

1 TB = 1024 GB

1 GB = 1024 MB

1 MB = 1024 KB

1 KB = 1024 Byte

按照这个换算关系，一泽字节（ZB）是十万亿亿字节（Byte）。是不是相当庞大？

除了量很大，这些数据还有一些特征，比如来源多样、种类多样、价值密度低等。以下是一些利用大数据的例子：

- 美国洛杉矶警察局和加利福尼亚大学合作，利用大数据预测犯罪案件的发生；
- 统计学家内特·西尔弗（Nate Silver）利用大数据预测2012美国大选结果；
- 美国麻省理工学院利用手机定位数据和交通数据建立城市规划；
- 美国梅西百货（Macy's）的实时定价机制，即根据需求和库存的情况，对多达 7300 万种货品进行实时调价；

- 我国某视频平台利用大数据为用户提供更好的视频推荐方案；
- 我国某广告平台利用大数据更加精准地推送广告；
- 我国某乳制品制造商利用大数据打造全产品链可追溯体系。

计算机很擅长搜集和存储数据，但是从中提取有用的信息才是更加有价值的事。根据目前的情况来看，这还是人类更擅长的事情。

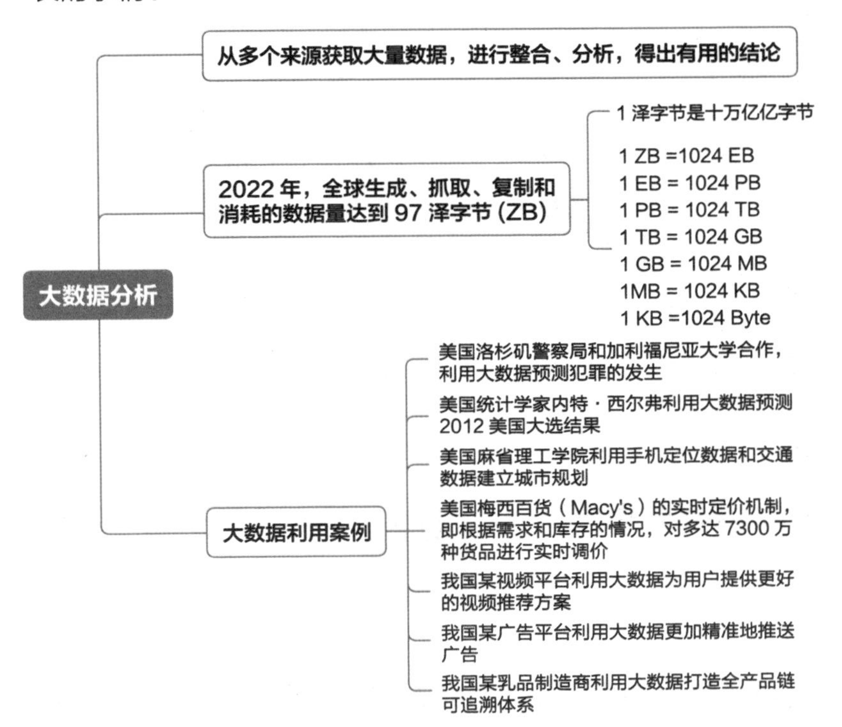

第 4 章
追查邪恶特工的踪迹

......什么是重放攻击..............................

上一章讲到少年黑客们发现，原来是光头和长发偷偷开了年轻人的密码智能锁，进入他的房间后把旧硬盘偷走了。

大K问道："小G，你觉得我们应该怎么办呀？"

小G想了一想，说道："咱们还是先回去吧，一起商量一下对策。"

大家都同意这个提议，转身准备回去了。

站在一旁的年轻人着急地说道："你们先别走，我这个锁可怎么办呀？我都不敢出门和睡觉了，太吓人了！"

戴维回答道："其实在两年多以前，就有人发现了这个锁的漏洞，并将漏洞汇报给了厂商，可是厂商一直没有修复，非常不负责任。我建议你还是换一把锁吧，这个厂商太不重视安全了，以后你也不要再用他们的产品了。还有，你家的Wi-Fi密码设置得太简单了，竟然还是出厂时的初始密码。你需要换成一个更复杂一些的密码，否则别人可以轻松接入你家里的网络。"

年轻人感激地连连点头，说道："好的，我会把门锁和Wi-Fi密码都换掉，真是太谢谢你们了！"

回家的路上，大K好奇地问戴维："你刚才用的重放攻击好棒啊！那是怎么实现的啊？"

其实这个原理很简单。打个比方来讲，你和小G使用了一种秘密的、只有你俩知道的语言，别人都听不懂。有一天，我听见你对小G说了一句话，虽然我听不懂，但是我看见小G立刻给了你100元钱。我由此猜测，这句话的意思是让小G给你100元钱。于是，我照着你说的话跟小G重复说一遍，结果小G真的给我了100元钱，这就是重放攻击成功了。

啊，真有意思。如何防御这种攻击呢？

我想到了一个办法！可以在大K说的话里加上当时准确的时间戳。比如，大K跟我要100元钱的时候，还需要在同时说出当时的准确时间，我会根据他说的核对一下实际时间。比如，他说‘给我100元钱，现在是某年[①]的10月24日上午10点01分18秒610毫秒’。我会核对一下时间，要是与他说的时间完全相符，就会给大K100元钱。

① 在实际使用中，时间需要是精确的，包括年份。

虽然戴维听到了大 K 说的话，但是因为当他重复这句话时会不得不带上大 K 之前所说的时间，那么在我听他说的时候，其实已经与实际时间不相符了。我就可以发现这实际上是“重放攻击”，就不会给戴维钱了。

哇，小 G 好厉害呀！这么快就能想到解决方法了！

加入时间戳的方法是有效的。还有一种方法是加入应答机制，确认对方真的能听懂。比如，小 G 只要跟戴维多说几句话，就会发现戴维除了会要 100 元钱，其他的一概不懂。

戴维笑了：“哈哈，小美，你这话可太犀利了。我服了。”

大家都笑了起来。不知不觉中，他们已走进小 G 家所在的小区。到了他家后，他们开始讨论接下来的计划。

小 G 说道：“现在已经证实是那两个坏蛋把腊肠的程序代码拿走了，按之前的猜测分析，难道是……”

神威通过小机器人说话了：“之前关于腊肠和红骨的警报

同时响起，并且显示他们位于同一个地点。如果是光头和长发拿走了腊肠的代码，且红骨也在同一个地方出现，那就只有一种可能——”

小美立刻说道：“他们同时拥有腊肠和红骨的代码！”

大K说道：“天啊！真有这种可能！像小G之前分析的，红骨被消灭之前可能已经将自己的代码的备份给了这两个坏蛋。就像对付腊肠时，**神威**也用一个不连接网络的副本逃过了攻击。”

戴维说道：“我也觉得是这样的。要是红骨和腊肠联合起来怎么办？会不会变得更难对付了？”

小G说道：“不怕，就算红骨和腊肠联合起来，也不过就是红肠。咱们可是少年黑客团呢！”

少年黑客们都“扑哧”一声笑了出来。

神威说道：“哈哈，玩笑归玩笑，但咱们需要知道的是，要是这两个特工合并在一起成为一个更高级的特工，一定会更难对付。”**神威**顿了一下，继续说道，“不过，由于腊肠的代码被烧过了，应该不是很齐全，也许情况并不会像我想得那么严重。”

小G问道："神威，既然你收到的报警是在科技大学，那么咱们是不是应该去那里调查一下呢？"

神威说道："嗯，目前咱们只获得了这一个线索，所以还是需要去科技大学调查一下的。不过今天有些晚了，明天又是星期一，你们下午放学后再去那儿看看吧。"

"好的。"大家赞同神威的建议。大K和小美离开后，小G和戴维吃了晚饭，然后一起做作业。

小G做着做着，忽然想起了杰明老师，便问戴维："有段时间没看到杰明老师了，他最近在干什么呢？"

"杰明老师被红骨攻击后休息了一段时间。因为红骨在攻击他的时候把他的大脑放在了一个简单的虚拟世界里，所以他最近对虚拟世界产生了兴趣。我前几天去找他的时候，他说准备辞职，不想再当老师了。"

"不当老师了？那他要干什么呀？"

"他打算去A国攻读博士学位，要研究虚拟世界呢！"

"哈哈，有意思，他什么时候走？"

"快了，听说他已经联系好A国的教授，就要去了。最近他在忙着和学校办理手续。"

“哦，好吧，还真有点舍不得他呢！”

“是啊，我也舍不得他走呢。不过没关系，以后还是可以继续和他联系的嘛。”

“对，对，以后还是可以和他联系的。”

第二天一早，神威就通过眼镜告诉大家：“少年黑客们，我又收到了关于红骨和腊肠的报警，还是在原来的地方——科技大学校园里。你们今天下午放学后务必得去那里调查一下了。”

上了一天课，快要放学时，班主任王老师来到班里，向大家发布通知。

“同学们，市教委组织的信息学竞赛就要开始了，咱们班的小美和大K同学将会代表咱们学校参加比赛。另外，为了配合网络安全教育，市教委还将举办一场信息安全专项赛，名叫青少年 CTF。每个学校可以派出一支四人的队伍。经过信息课白老师推荐，小G、戴维、小美、大K将去参赛，我们预祝他们获得好成绩！”说完，王老师带头鼓起掌来。

同学们也都鼓起掌来，小G他们四个不好意思地站起来给大家鞠了个躬。

王老师又说道：“你们四个现在去一下机房吧，白老师正在那儿等着你们。”

他们立刻前往机房。

白老师看到他们来了，很高兴地让他们坐下，并对他们说道：“因为信息安全越来越被重视，所以这次市里组织的信息学竞赛特地增加了青少年CTF，要培养信息安全人才。你们是全校在这方面的最佳人选。”

小G问道：“白老师，一共有多少支队伍参加这次比赛？”

“一共有30多支队伍参赛。而且在这次比赛中，举办方还特地邀请了一支A国的战队，据说是一位大学的信息安全教授辅导他们的，他们可个个都是计算机高手！”

大K嘟哝道：“哎呀，这么厉害啊，我们可能比不过吧！”

白老师笑着说道：“我觉得你们也很厉害呀！可以去和他们比一比。就算比不过也没关系，重在参与，只要参与了就能得到锻炼！”

小美说道：“白老师放心，我们一定会好好准备的！”

白老师说道：“嗯，你们认真准备。我也帮助你们找一些学习资料，希望你们能取得好成绩。”

和白老师道别后，少年黑客们搭乘地铁前往科技大学，调查红骨和腊肠的踪迹。

路上，大K问道："戴维，你参加过CTF比赛吗？"

"我在我们国家参加过几次，挺好玩的。"

"你给我们讲讲CTF比赛吧！我们应该怎么准备？"

戴维说道："CTF的英文是Capture The Flag，又被称作'夺旗赛'。咱们只要解出主办方出的题目，就能获得Flag，也就是旗子。只要又快又准地解出题目，就能获胜了。放心吧，我觉得咱们的实力还是很强的，有实力战胜其他队伍。"

大K还是觉得心里没底，问道："啊？你真这么觉得啊？"

还没等戴维回答，小G就抢先说道："当然啦！咱们可是和未来的邪恶特工战斗过的队伍呀！试问还有哪支队伍有这样的实战经验啊？"

小美说道："我看咱们还是先把精力集中在腊肠和红骨的调查上吧。关于青少年CTF比赛，咱们稍后再一起讨论计划吧！"

大K挠挠头："嗯，说的也是，调查这件事更重要。"

神威通过眼镜跟大家说话了："小美说得很对，关于青少年CTF的比赛，我会安排大家学习和准备的。现在我们的当务之急，是要先着手调查腊肠和红骨的事情。”

大K又问道：“咱们应该如何着手调查呢？”

神威说道：“我刚刚已经查到了，上次报警应该是从科技大学计算机系大楼发出的，咱们可以先去那里开始调查，看看能不能查出那两个坏蛋的踪迹。行动吧，少年黑客们！”

大家一致赞同，并响亮地喊出口号：“少年黑客，对抗邪恶！”

他们出了地铁站后又步行了一小段路，才来到了大学校园。校园里面郁郁葱葱的老树掩映着一栋栋教学楼和办公楼。这些楼房大多是20世纪的红砖房，不高，只有四五层。学校里还有一些21世纪新建的现代化高楼，有很多大学生在教室里自习。校园里还有几个很像小公园的地方，有荷叶水塘、亭台假山，有一些大学生在这里的长椅上看书。整个校园景色秀丽，也充满了浓郁的学习氛围。

戴维说道：“这里真美呀！”

小G笑道：“这是我们市最有名的大学，在全国也名列前茅。我爸总说，希望我以后能考到这里。不过，这里的录取分数很高的，挺难考的。小美成绩好，她肯定没问题。”

小美笑着说：“大家都努力学习，争取以后都考到这里，咱们继续做同学，这样咱们少年黑客团就能一直并肩对抗邪恶啦！”

小G和大K都点点头，他们也很期待那样的未来。

他们来到了计算机系大楼前。这是一栋四层的红砖楼，大门旁边挂着几个牌子，写着“人工智能国家重点实验室”“计算机体系结构国家重点实验室”等。

大K说道：“哇，这里看起来好厉害呀！有这么多重点实验室！咱们该怎么找呢？”

戴维也说道：“咱们一间间办公室去打听一下吧！”

小美将几张事先打印好的光头和长发的照片分发给大家，说道：“咱们分头去问，这样效率高一些。”

小G说道：“好的，小美和大K负责一楼二楼，我和戴维负责三楼四楼，大家抓紧行动起来吧！”

神威通过眼镜和大家说：“小G，你的安排很合理。小美是女生，体力相对弱一些，大K有点胖，爬楼吃力，他俩负责低楼层；你和戴维体力更好一些，负责高楼层。”

大K说道：“那还不如一人负责一层呢，不是更快吗？”

小G说道：“两人一组好一些，万一遇到什么事情，彼此

计算机系
人工智能国家重点实验室
计算机体系结构国家重点实验室

也有个照应。”

大K挠挠头：“对哦，小G说得有道理。”

大家正准备进入计算机系楼，突然听到了熟悉的声音。

“小G，你们来这里干什么？”

大家回头一看，发现原来是计算机研究所的申副所长。他正提着公文包向他们走过来。

大家都感到很意外，申副所长怎么恰好来这里了呢？他是为了什么事情而来的？请看下一章。

趣知识

在本章中，戴维给大家介绍了“重放攻击”。这是一种很常见的黑客攻击思路，攻击者可以鹦鹉学舌般地重复发送数据，实现攻击效果。要防止这种攻击并不难，简单地说，就是要使用一些一次性的数据，即让这些数据在使用一次后就失效了。这样一来，就算攻击者录下这些数据也无法再次使用。常见的有一次性密码、时间戳等。我们来一起看看下面的这个例子。

相信你应该看到过下图这样的汽车钥匙。

当人拿着钥匙靠近车子时，按下开门按钮，钥匙就会发出无线电信号，信号中带有开门的指令，汽车收到信号后，车门就会打开。在这个场景中，我们可以迅速想到几个问题。

第一，钥匙发出的信号应该只对相应的一辆车有效，其他的车就算收到信号也不会有反应。

第二，每次发出的信号都应该不一样，以免被别人录下来后使用。这一点就是为了防止重放攻击的。因此，车钥匙的设计需要加入防止重放攻击的措施。目前，大多数汽车使用了一种名为“滚动码”的技术。

在逻辑上，汽车和车钥匙两端都维持着一个列表，列表中是由相同算法产生的一系列数值。当汽车收到车钥匙发送来的数值时，会检查这个数值是不是它期望的数值。如果是，汽车就会认为数值合理，从而按照指令做出相应的动作。随后，这个使用过的数值就过期了，下一次汽车期望的就是列表中的下一个数值了。

滚动码示意

虽然滚动码在逻辑上是合理的，但是有些滚动码在实现时仍出现了漏洞，使得黑客能够破解滚动码，在不借助车钥匙的情况下给车发出指令后就能打开车门了。

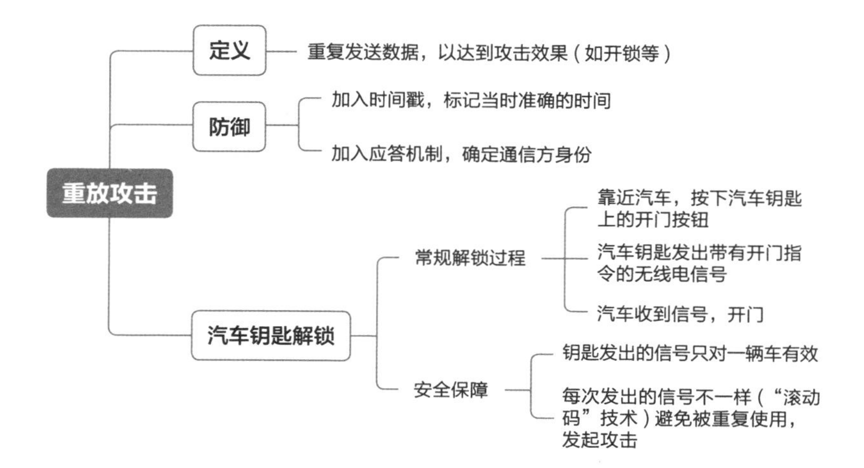

第 5 章
邪恶特工能合二为一吗

……如何让不同的信息系统合作……

上一章讲到少年黑客们去科技大学调查红骨和腊肠的踪迹，在计算机系楼外面意外地遇到了计算机研究所的申副所长。

申副所长问道："小 G，你们来这里干什么？"

因为小 G 之前已经将所有的秘密都告诉了申副所长，所以他觉得没有什么需要隐瞒的，便回答道："申叔叔，我们发现之前被消灭的红骨和腊肠又出现了，出现的位置应该就在这幢楼里。我们还发现，这件事仍和光头、长发那两个坏蛋有关系。我们来这里，就是想调查一下这件事。"

"哦？"申副所长想了一下，说道，"你们来这里的目的，可能和我来这里的目的是有关的。"

小 G 连忙问道："申叔叔，这到底是怎么回事呀？"

"我和这里的研究人工智能的方教授是同学。今天上午她联系我，说前两天有两个人来找她，想请她帮忙把两份程序结合到一起。这种要求很奇怪，但是方教授禁不住他们软磨硬泡，只好假意答应了下来，想过几天再告诉他们做不了。今天早上她粗略地看了一下，发现这两份程序并不简单，有不少神奇的地方，便邀请我来看看，和她一起研究一下。"

大 K 着急地说道："肯定就是光头和长发那两个坏蛋！看

来他们果然是想把红骨和腊肠合在一起，这可怎么办啊！”

小G说道：“先别急，申叔叔，您能带我们一起去找方教授吗？”

“可以的，咱们一起去了解一下情况吧。”申副所长带着大家进了计算机系楼。进门时，门卫大爷和申副所长热情地打了招呼。

申副所长解释道：“我们所和这里的好几个实验室都有合作，所以我常来这里，门卫大爷都和我很熟了。”

申副所长带着少年黑客们来到了302室，敲了敲门。

开门的是一位穿着白色大褂、戴着眼镜的女士，看起来很睿智。

“申毅，你来了。咦，这几位小朋友是？”

“哦，方悦，这几位小朋友可不简单，他们都是少年黑客，是信息安全高手。我带他们一起来看看你说的那个问题。”

小G说道：“方教授您好，我们也想了解一下那两个程序，说不定能帮上忙。”

方教授打量了他们一番，半信半疑，然后请他们进屋坐下。

小G说道：“方教授，我们都是少年黑客团成员，我是小G，

这位是小美，这位是大K，这位外国朋友是戴维。”

方教授笑着问道：“哦，你们都是黑客吗？”

“对呀，我们是白帽子黑客——是黑客中的好人！我们还帮过申叔叔他们的研究所做安全防御，瓦解了坏黑客的攻击呢！”

方教授看了看申副所长，申副所长说道：“是的，要不是有他们帮忙防御，我们所研制的最新人工智能超级计算机的秘密就可能会泄露了。多亏了他们超强的专业能力。”

方教授惊讶地问道：“真的吗？看不出来，你们年纪不大，技术水平已经这么高了！”

小美谦虚地笑笑，说道：“方教授，您过奖了。您能给我们讲讲这件事的经过吗？”

方教授说道：“前几天有两个人来找我并给了我一个移动硬盘，说这里有两份程序，想让我将它们结合到一起。他们还给了我一个U盾，说是查看程序时可以用这个解密。我打开后发现，他们给我的并不是源代码，而是可执行的二进制代码，根本就不可能结合到一起呀！而且，就算都是源代码，对于不同程序，开发人员不同，程序架构也不同，哪能说结合就能结合到一起呢？我觉得他们有些无理取闹，但他们一直央求我，迟迟不走。我当时还有别的事要做，就想着先假装答应他们，过几天后再跟他们说做不了，这样他们就能尽快走了。当时我只是看了看程序，很快就把移动硬盘拔下来了。”

小 G 听到这里，心想：这个时间与神威收到警报的时间相吻合。而且方教授插上移动硬盘时，神威收到了警报，拔下来后，警报就消失了。

戴维将光头和长发的照片交给方教授，问道：“请您看看，来找您的是不是照片上的这两个人？”

方教授肯定地说道："没错，就是他们俩。"

少年黑客们听了这个答案，心里都已经有数了。

大K问道："那后来呢？"

"今天早上我本来打算跟他们说我做不了，让他们把移动硬盘拿回去的，但是后来又想了想，还是再看看吧。我发现，这两份程序中各有一块是加密的。我借助他们给我的U盾解密后得到了一份说明文档，说明文档非常详细地介绍了这两个程序的模块和接口，通过接口应该是比较容易将这两个程序结合到一起的。"

小G急忙问道："那您把它们结合到一起了吗？"

方教授摇摇头，说道："还没有。"

大家听后松了一口气。

小G说道："方教授，您千万别这么做，有危险。要是把红骨和腊肠结合到一起，一定会很麻烦的！"

方教授奇怪地问道："你怎么知道这两个程序的代号呢？我在说明文档中看到了这两个程序的代号就是'红骨'和'腊肠'。"

大K说道："我们跟他俩斗争了好久呢！他们都是邪恶的

人工智能特工！”

小美也说道：“是的，我们本以为已经把他俩消灭了，没想到还遗留了他们的备份呢！”

方教授说道：“我确实发现这两份程序似乎有很强的智能，超出了我的理解能力，所以才请申副所长过来看看的。其实我本已准备好了将二者结合的程序以及相应的配置，并复制到了移动硬盘上，只要运行一下，那两个程序就可以结合在一起了。不过，我没有贸然进行结合，就是怕会引发什么乱子。”

“嗯，还好还好，”小G说道，“方教授，这个移动硬盘不能再还给那两个坏蛋了，您要保存好。”

申副所长也点头说道：“嗯，就先锁在你的保险柜里吧！这两个程序很有研究价值，你我所做的人工智能课题，可以从中寻找灵感。不过，研究的时候，一定要在隔离网络环境中进行，不能连接公网，以免造成逃逸和扩散。”

申副所长看到方教授还有点犹豫，说道：“这件事情比较复杂，还有一些其他的情况等我稍后再慢慢跟你说。今天我来找你，还想和你讨论一些其他问题。最近，我正在研究人工智能的监督机制的改进……”

方教授问道："你是说维持人工智能与人类目标一致的方法吗？"

"对。"

"我记得你之前已经有思路，而且已经开发好了呀！"

"是的，但是效果不好，会被未来的超级人工智能朝着负面的方向解释。我以前就知道你对这方面有些独特的想法，所以想来找你讨论一下，看看如何解决这个难题。"

方教授笑道："哈哈，我以前就跟你讲过你的做法是有漏洞的，你还不信。不过，你怎么知道未来的事情呢？难道你发明时间机器了吗？"

申副所长对小G他们说道："方教授在人工智能方面的学术水平比我高，是国内知名的专家，所以那两个坏蛋才找她来结合红骨和腊肠的程序。要解决人工智能监督机制的问题，少了她可不行。我看，咱们就别对她保密了。"

小G想了想，说道："好的，申叔叔。"

方教授惊讶地说道："什么事情啊，怎么神神秘秘的？"

申副所长对小G说："小G，还是你来讲吧。"

于是，小G把告诉过申副所长的秘密又讲给方教授听。方教授听得很认真，时不时还会就自己不理解或者没听清楚的地方发问。

小 G 讲完后，方教授沉思了一会儿，慢慢地说道："虽然整件事听起来不可思议，但我还是愿意相信这些都是真的。"她又转过头对申副所长说道，"申毅，这么看来，改进监督机制的任务非常重要，你我必须得小心谨慎，因为此事关乎人类未来的福祉。"

申副所长点头："是呀，我自己搞不定，所以来找你这位老同学帮忙了！"

申副所长又对少年黑客们说道："时间不早了，你们回家吧。我和方教授要探讨一下人工智能的监督机制，你们明天还要上学，早点休息。我们会将这个移动硬盘锁进保险柜，应该是安全的。"

小 G 说道："嗯，好的，我们先回去了。辛苦申叔叔和方教授了。"

其他少年黑客也说道："申叔叔再见，方教授再见。"说完，便起身离开了。

大家走出计算机系楼时，天已经有点蒙蒙黑了。

突然，小 G 说道：“咦，你们看，对面楼上有个窗口好像有人在拍摄！摄像机好像正对着咱们呢！”

大家听后立刻朝对面楼望去，看了半天却没发现什么异样。

大 K 嚷嚷道：“在哪儿呢？我怎么没有看见？”

小 G 说道：“奇怪，我刚才还看见了，现在又没有了。算了，可能是我眼花了吧。”

于是，他们各自回家了。做完作业后，他们相约进入了虚拟空间开会。

神威对大家说道：“你们今天跑了这么远，辛苦啦！”

小 G 说道：“还好，总算是有一些进展了。光头和长发前几天去找方教授，想把红骨和腊肠的程序进行结合。还好方教授没有这么做，否则就太危险了！”

神威说道：“嗯，我也听到了方教授说的话，看来将红骨和腊肠结合在一起也不是很难的事情，主要是那两个坏蛋不了解如何去做。”

小美说道：“我觉得咱们也要做好准备，万一他们琢磨出来了办法可怎么办。”

小 G 问道：“**神威**，要是他俩真的将红骨和腊肠结合成功了，那我们现在在网络上布置的各种检查、告警，以及杀毒软件的防范措施，还会起作用吗？”

神威说道：“这些检查是基于红骨和腊肠的代码特征而设置的。如果他们结合成功，那么他们原来的特征不一定能留存下来。也就是说，原来的防范措施很可能会失效。”

大K问道：“那怎么办呢？”

神威说道：“我有个办法，你们去找方教授把腊肠和红骨的代码要来，在网络隔离的蜜罐中把他们结合，然后提取出新的代码特征，这样就可以提前防范了。我们只要在操作完成后把蜜罐销毁掉，就不会有危险了。”

小G说道：“那我们明天下午放学后再去一趟科技大学，向方教授借移动硬盘，从中提取特征。”

大家都表示同意。

神威，今天方教授说她用一个U盾把红骨和腊肠的一部分程序解密，发现了很多信息。U盾不是网银用的吗？我看到妈妈操作网上银行的时候，就会将一个U盾插在电脑上。

对，网上银行程序经常会使用 U 盾。U 盾其实就是一个保存了个人证书的设备，个人证书里面有一个可以用来做加密操作的私钥。

哦，也就是说，U 盾的本质就是一份个人证书呀！为什么一定要用 U 盾来保存呢？我把证书存在 U 盘中不也是一样的吗？

U 盾和 U 盘是不一样的。U 盾是一种不可读的设备，将证书写进 U 盾后是无法从外部读取的。因此，使用者无须担心证书被别人复制，可以确保唯一性。往 U 盘中写入的东西是可以从外部读取的，因此如果把个人证书存在 U 盘中，其无法确保不被别人复制。

小美说道："哦，我明白了，那两个坏蛋把 U 盾交给方教授，以后再收回去时，就能确保方教授不会私自复制一份了。"

神威说道："没错，就是这个道理。时间不早了，你们快退出虚拟空间，早点休息吧！"

第二天放学后，少年黑客们正打算去科技大学找方教授，申副所长给小 G 打来了电话。

“小G，我现在正在科技大学的计算机系楼，也就是咱们昨天见面的地方。你们是刚放学吧？要是有空的话，我很希望你们立刻过来一趟。”

“申叔叔，什么事情这么着急呀？”

“方教授被人袭击了！她的保险柜被打开了，放在里面的那块移动硬盘也不见了！”

方教授是怎么被袭击的？移动硬盘现在去哪里了呢？请看下一章。

趣知识

在本章中，光头和长发想把腊肠和红骨这两个邪恶特工的程序代码合二为一。这是一件非常复杂的事情，需要考虑很多因素。

我们知道，腊肠和红骨本是可以独立运行的人工智能系统，因此他们本来都有各自完整的组成部分。不过，由于腊肠的代码是从烧坏的硬盘上恢复出来的，因此可能会有一些不完整。

这部分不完整的代码，大概率可以用红骨的相应部分来补足，不会对结合造成影响。

那么，他们是怎样结合的呢？从故事的描述来看，腊肠和红骨带有一些接口，可以相互调用，这应该是他们的创造者在设计之初留下的用于后续结合的方法。这些接口可用来在二者之间协商、合作，共同完成任务。

比如，如果腊肠缺少一些代码支持，就可以让红骨的代码提供支援；如果红骨需要一些腊肠之前与少年黑客攻防的情况，腊肠则可以提供。二者互通有无，提升了彼此的能力。

再比如，对于同一种情况，由于二者的算法不同，可能会得到不同的策略。将这些策略综合起来后，应对情况时能更加周全完备。

可见，接口在信息系统的合作中起到了非常重要的作用。我们可以将接口视为信息交换的预定协议。比如，红骨想查询腊肠是如何中计并被少年黑客团消灭的，那么它只需调用腊肠的获取记忆接口 GetStoredEvents，提供 timeBegin 和 timeEnd 这两个参数，就能把这个时间范围内存储的事件调出来返回。这个接口可以大概写成 getStoredEvents（timeBegin，timeEnd）。

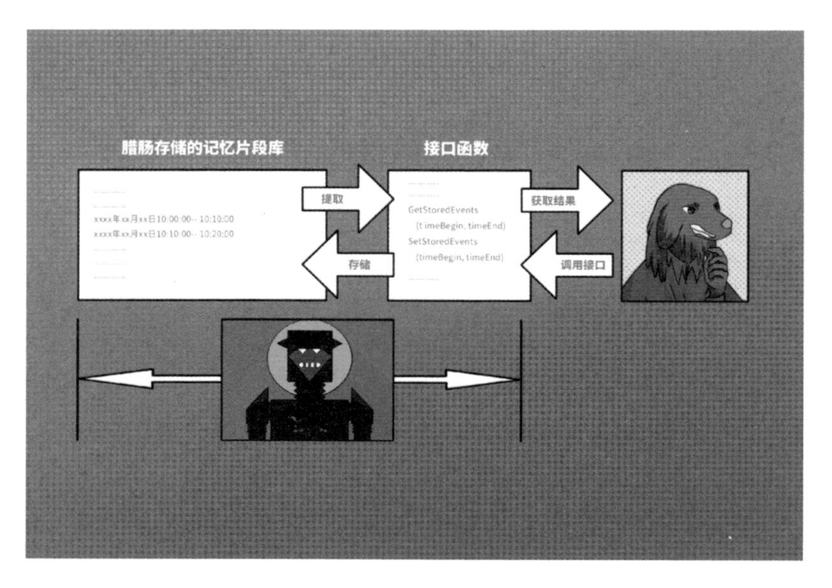

我们再来看看在现实生活中，信息系统之间是如何合作的。

比如，各个地方的养老金缴纳情况原本是互相查不到的。各地采用的技术也是不相同的，就算把其他地方的数据调过来也没法使用。对此，各地可以按照一个统一的标准开发出一个查询接口，供其他地方调用，这样数据就可以互通了。

再比如，一家银行与一个税务部门，各自都建立好了自己的信息系统来处理各自的业务，但是二者之间并没有互通。为了让二者合作，我们需要在二者之上建立联系——通过在二者各自的系统中开发出可以为对方服务的接口来实现。比如，税务部门制定了一项税率优惠政策，企业需要满足一定的交易量条件才能享受。在数据不通时，需要企业派人去银行开证明，再交给税务部门。现在，税务部门只需通过银行提供的接口就能迅速查到企业的资金情况了，不仅更便捷，还大大提高了办事效率。

目前，我国的各种信息系统正在不断地互通，为人们提供了越来越全面和便捷的服务。

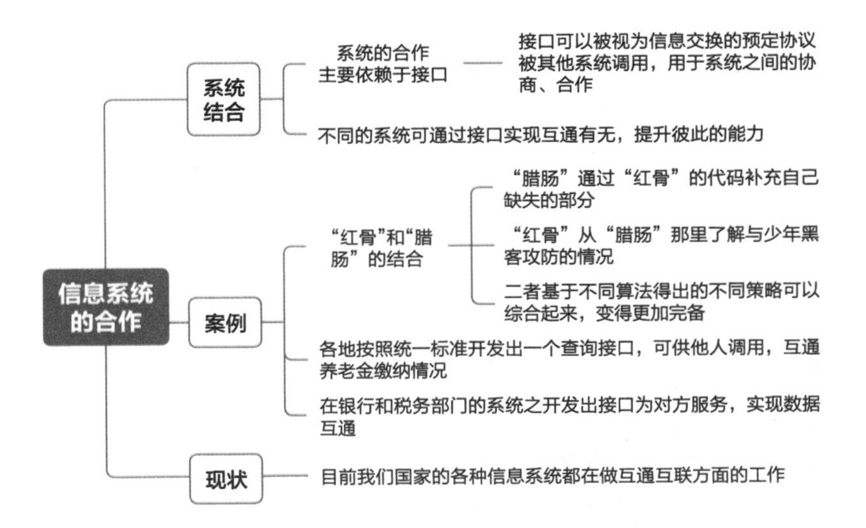

第 6 章
方教授失忆了

……什么是激光窃听…………………………

上一章讲到小 G 和伙伴们放学后，正准备去科技大学找计算机系的方教授，突然接到了申副所长的电话。他说方教授被人袭击了，移动硬盘也不见了。

小 G 焦急地问道：“方教授现在怎么样？有什么危险吗？”

“我刚到的时候，她昏倒在地上。现在她已经醒了，正在休息。”

小 G 说道：“好的，申叔叔，我们马上就过去，一起看看有什么线索。”

“好的，我就在这里等你们过来。”

少年黑客们火速赶到了方教授的办公室。门虚掩着，他们进了房间后，看到方教授闭着眼睛靠着沙发坐着，申副所长坐在一旁。

申副所长看到他们后，说道：“你们来了，快过来坐下吧！”

少年黑客们坐下后，申副所长说道：“警察刚刚来过了，还没有查到是谁干的。这里除了那块硬盘不见了，没有其他财物损失。”

大 K 大声说道：“这件事情肯定是光头和长发那两个坏蛋干的！”

申副所长说道："我也是这么认为的，但是目前我们还没有证据。还有一件事情非常奇怪。我刚刚和方教授了解情况，发现她失去了最近几天的记忆。她不知道那两个坏蛋来找过她结合程序，也不知道咱们昨天和她讨论过的事情，她甚至不记得昨天我们俩一起离开这里时，特地把移动硬盘锁进了保险柜里。"

小G说道："这好奇怪啊！方教授有没有受伤呢？"

"检查过了，没有。我来的时候发现她昏倒在地上，之后把她叫醒了。除此之外，她看起来都很正常。"

方教授说道："我确实没有觉得有什么问题。申毅说我昏倒了，可是我的感觉更像是睡着了。除了最近几天发生的事情有很多不记得，没有其他的异常情况。关于你们，还有你们说的坏蛋、红骨、腊肠、移动硬盘什么的，我也完全没有印象。"

小G皱起了眉头，觉得这件事情不可思议。

小美安慰道："方教授，您身体没问题就好。其他的事情，我们再慢慢商议。"

戴维也说道："对呀，身体健康最重要。"

小G说道："方教授，要是您想起什么，就请告诉申副所

长吧！我们先走了，您好好休息。”

少年黑客们在回家的地铁上讨论起来。

大K说道：“现在光头他们已经把移动硬盘拿走了，接下来我们该怎么办呢？”

戴维说：“昨天方教授说她已经准备好红骨和腊肠的结合程序并放进硬盘中了，你们觉得他们会运行吗？”

小美说：“有可能，但他们是知道结合程序在硬盘中的吧？”

戴维想了想，突然问小G：“小G，你昨天说看到计算机系楼对面的楼上有个窗口，有人拿着摄像机拍摄，后来又没有了，对吧？”

小G说道：“是的。”

这时，**神威**通过眼镜跟大家说话了：“昨天小G说这句话时我没多想，现在想起来，我觉得那大概是一种窃听手段——激光窃听。小G看到的那个像摄像机的东西，其实是激光发射器。光头他们估计是窃听到了你们和方教授及申副所长的谈话，知道了方教授已经准备好了红骨、腊肠的结合程序，便抢走了硬盘。”

激光窃听是什么原理？听起来很厉害！

这要从声音的特性说起了。我们平常听到的声音是在空气中传播的一种波，也被称作声波，是由发声的物体振动引发周围空气振动形成的。声波在空气中传播时，如果碰上了其他物体，就会引起其他物体的振动。比如，声波遇到了我们耳朵中的耳膜，引起耳膜振动，我们便可以听到声音。

要是声波遇到了窗户玻璃，也会引起玻璃的振动吗？

没错，但其振动幅度是很小的，人的肉眼是看不到的。

可以用激光来测量玻璃的振动吗？

可以的。窃听者把一束激光打到窗户玻璃上，通过测量反射回来的激光变化就能获得振动的数据了。再利用这些数据还原声波，就能听到原来的声音了。

有什么办法可以防御激光窃听吗？

常用的有两类办法。第一类办法是加强防护。比如，安装双层的窗户玻璃，这样能让外层玻璃的振动小很多，不容易被测量出来；或是用能吸收声音的材料制作窗帘，也能起到比较好的效果；还可以在窗户玻璃上贴激光窃听阻断膜，不仅能阻断激光窃听，还不妨碍可见光透过，效果很好。第二类办法是放一些白噪声以遮盖说话的声音，这样窃听者便难以分辨出原始的声音了。

神威，要想让打出去的激光束在反射回来后被接收器收到，这个过程很困难呀！只要玻璃稍微有点偏，激光束反射回来后就会偏很多，操作起来很有难度吧！

小美说得很对，最初的激光窃听技术是刚才介绍的激光正反射技术，确实存在反射回来的激光束不容易确定路径的问题。后来又出现了其他技术，比如激光散斑干涉技术，就没有那么高的对准需要了。尽管这些技术细节比较复杂，但原理都是探测声波引起的物体的微小振动。

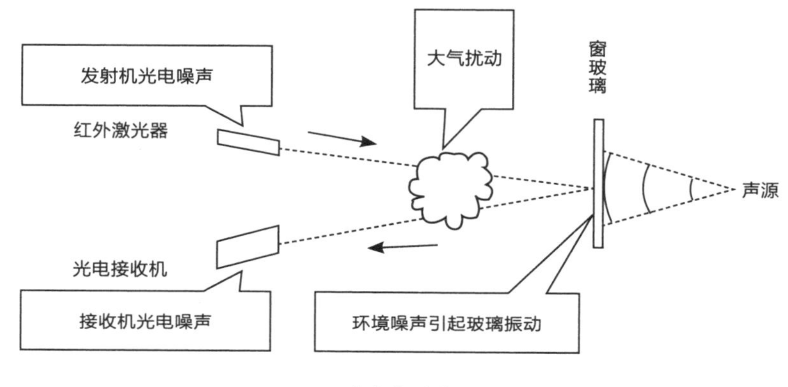

○ 激光窃听原理

小G说道："哦，原来如此。这样说来我也觉得很可能是光头和长发偷听到了咱们跟方教授的谈话。现在他们拿到了将红骨和腊肠结合起来的方法，咱们要准备好与红肠斗一斗啦！"

大K挥了一下拳头，说道："嘿，不怕，既然无法避免，咱们就迎战。红骨和腊肠都是咱们少年黑客团的手下败将，我倒想看看红肠又能厉害到哪里去？！"

小G对大K竖起了大拇指："大K说得好，少年黑客团一定能赢！"

小美说道："是呀，咱们只要做好充分准备，就谁都不怕。"

这时，地铁到站了，他们下了车。在站台上，少年黑客们把手叠在一起，信心满满地喊起了口号："少年黑客，对抗邪恶！"

他们吃过晚饭、做完作业后，又聚到了虚拟空间的会议室开会。

神威说道：“大家这两天都辛苦了！由于光头和长发那两个坏蛋已经得到了将红骨和腊肠结合起来的方法，咱们接下来可能会遇到一个新的、强劲的对手。因此，咱们需要尽快做好准备，请大家每天晚上都来这里开会讨论吧！”

大家一致赞同。

小 G 说道：“**神威**，我在回来的路上一直在想一件事情。”

神威问道：“说说看，是什么事？”

“关于这几天的事情，方教授大多不记得了，这应该也是光头他们干的。可是，我从未听说过这种技术，有办法可以消除人的特定记忆吗？”

小美也说道：“是啊，我也一直没想明白这个问题呢。”

神威回答道：“啊，未来会出现这个技术，但现在还没有。看来，红骨在通信故障发生之前就已经从未来了解了这个技术，然后教会了光头他们。”

大 K 说道：“也就是说，他们用某种未来技术消除了方教授最近几天的特定记忆。他们为什么要这么做呢？”

戴维说道："多明显啊！他们拿到了想要的东西，再把方教授记忆消除，就没人知道这件事情了。"

小美说道："不对，并不是没人知道这件事情，咱们就知道了呀！要是出于这个目的，他们消除方教授这几天的记忆的意义就不大。"

大K挠挠头，说道："嗯，小美说得也对。不过，我总觉得这两个坏蛋没那么聪明，他们不会考虑这么多的。估计是红骨事先跟他们说好了，他们只是完成任务而已。"

小G点点头："也不能排除这种可能性。神威，你觉得呢？他们为什么要消除方教授最近几天的记忆呢？"

神威摇了摇头，说道："我也觉得他们只是在遵照红骨之前的吩咐行事。"

小G说道："嗯，希望如此吧。不过我怎么突然觉得申叔叔也可能有危险呢？万一申叔叔哪天研究出了人工智能监督机制的好方法却被他们消除了记忆，可怎么办呢？"

大K一听，连忙说道："对呀，小G说得很有道理，方教授这件事给咱们敲响了警钟，咱们必须保护好申叔叔！"

戴维问道："你有什么方法吗？"

大K说道："咱们给申叔叔买一块儿童智能手表吧！带GPS跟踪的那种，还可以双向通话……"

小美打断他："喂，大K，拜托了！申叔叔是大人，他怎么会戴儿童手表？！"

大K尴尬地笑了笑，说道："呃……确实，但是这个功能还挺有用的嘛！"

小G说道："嗯，大K说的也有一定的道理，我们得为申叔叔定制一个小设备，具备与儿童手表类似的功能。"

神威说道："嗯，这个由我来做吧！我去定制，然后寄给申副所长。还可以加一个一键报警功能，万一遇到危险也能让他直接通知我们。小G你提前告诉他，收到以后要立刻佩戴上。"

小G答应道："好的，我一会儿就跟他说。"

神威又对大家说道："大家接下来要提高警惕了，红骨和腊肠合在一起后，不知道会干出什么阴险狡诈的事情。大家一定要小心！"

少年黑客们点点头，随后便退出了虚拟空间。

接下来的一段时间并没有发生什么特别的事情。他们一直都在学好功课之余练习攻防本领。白老师给他们找了一些CTF

比赛的训练题目做，神威也找来不少以前的资料给他们做培训，既能提高他们的技术水平，又能为 CTF 比赛做好准备。

一个星期五的晚上，大家相聚在虚拟空间会议室开会。

戴维说："杰明老师已经办好了手续，明天要乘飞机前往 A 国学习虚拟世界技术了。"

小美吃了一惊："啊？这么快啊？"

大 K 说道："那咱们明天去送送杰明老师吧！他去哪个机场，什么时间的航班？"

戴维耸耸肩，说道："他没告诉我。他说怕大家去送他，这样他会忍不住哭的。他更希望偷偷地离开，不让咱们去送他。"

小美很失望地说："哎呀，这么帅的老师，怎么说走就走了呢！"

小 G 说道："我也舍不得杰明老师。不过，现在交通、通信都很发达，随时都可以联系，以后说不定咱们还可以去 A 国看他呢！"

神威突然问道："小 G，上次我定做的定位器，你是不是已经交给申副所长了？"

"是啊，我请申叔叔戴上了。"

“我刚刚收到从他那里发来的求救信号，你赶紧试一试能不能和他联系上，确认一下他是不是真的出事了！”

小G连忙退出虚拟空间，拿起手机给申副所长打电话。他只听到“嘟——嘟——”的声音，却一直没有人接听。

申副所长遇到危险了吗？接下来又会发生什么呢？请看下一章。

趣知识

在本章中，神威讲到了激光窃听技术，这种技术的难度和成本都比较高，实施起来也比较复杂，因此，在日常生活中，我们无须对此有过多的担心。

神威在故事中讲的激光窃听技术是正反射式激光窃听技术。正如小美指出的，这种技术对于“对准”有很高的要求，要接收到反射回来的激光难度比较大。而且，这种技术只能针对玻璃操作。后来，又出现了两种对于“对准”要求不高的激光窃听技术。

一种是激光干涉窃听 。这种技术把一束激光通过分光镜分成两束，其中一束收集到物品表面的振动信息，与另一束激光发生干涉。这种技术可以检测更多种类的目标物。

还有一种是激光散斑干涉技术窃听，这是怎么一回事呢？

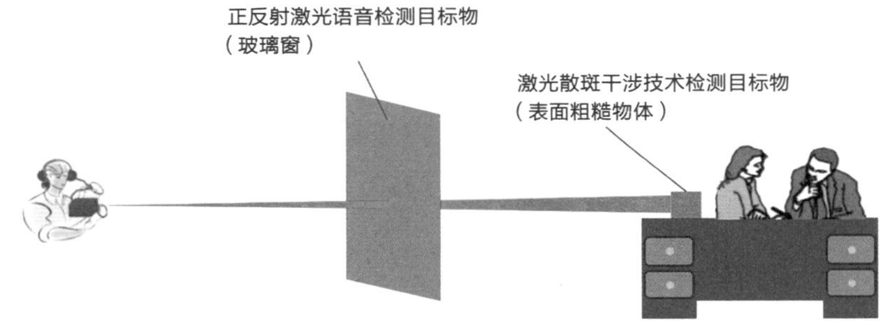

激光散斑干涉技术的窃听原理

激光照射到粗糙物体表面时会形成散斑图像（如下图所示）。

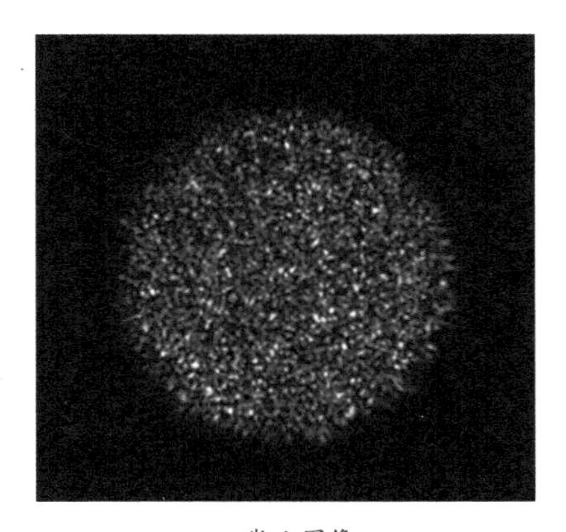

散斑图像

散斑图像的样子仅取决于照射到的表面的粗糙情况。当声波引发物体表面的微小振动时，散斑图像的样子并不会发生变化，但是散斑图像的整体位置会发生偏移，且偏移的大小与表面振动幅度呈正相关。如果我们使用固定位置的高速摄像机拍摄物体表面的散斑图像，物体的微弱振动就会引发散斑图像在摄像机成像平面内发生相对应的偏移。记录一段时间内散斑图像的连续偏移照片，就可以得到物体表面的振动信息，利用此振动信息可以还原出促使物体发生振动的振动信号。

如果高速摄像机的拍摄速度足够快（一般每秒需要拍摄超过 2000 幅照片），通过图像变化的相关算法就可以还原出声音信号。

激光散斑干涉技术窃听利用了激光散斑干涉的强度变化来获取语音信息，这种方法操作简单、灵敏度高，但需要激光器的功率较大，如果激光打到人的身上，会对人体造成伤害。

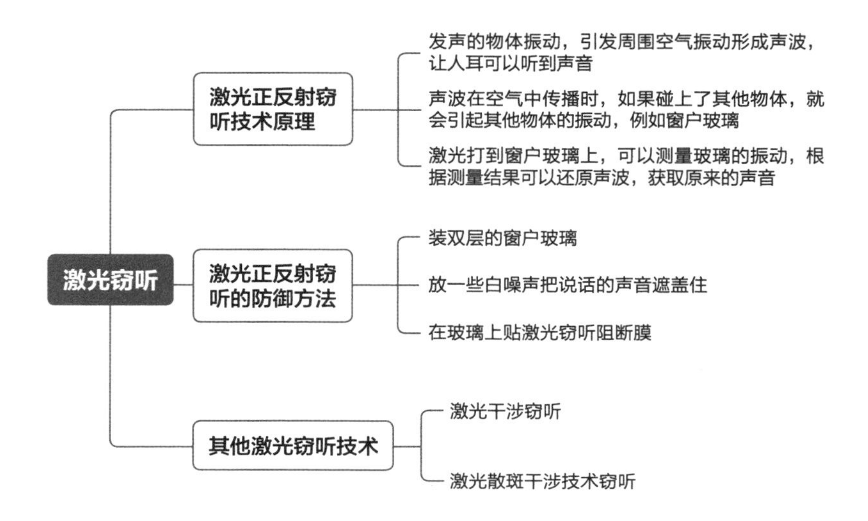
激光窃听
激光正反射窃听技术原理
发声的物体振动，引发周围空气振动形成声波，让人耳可以听到声音
声波在空气中传播时，如果碰上了其他物体，就会引起其他物体的振动，例如窗户玻璃
激光打到窗户玻璃上，可以测量玻璃的振动，根据测量结果可以还原声波，获取原来的声音
激光正反射窃听的防御方法
装双层的窗户玻璃
放一些白噪声把说话的声音遮盖住
在玻璃上贴激光窃听阻断膜
其他激光窃听技术
激光干涉窃听
激光散斑干涉技术窃听

第7章
魔獒的计划

……信息是如何存储在人脑中的……

上一章讲到**神威**和少年黑客们在虚拟空间开会时，**神威**突然说他收到了申副所长佩戴的定位器发出的求救信号。小G立刻退出虚拟空间，打电话给申副所长却没人接听。

这时，戴维也从虚拟空间中退出了，他急忙问道："小G，联系上申叔叔了吗？"

小G摇摇头，心神不定地说："没有，他没接电话，他不会出什么事了吧？"

神威通过眼镜说道："根据GPS信号显示，定位器的位置在不断地移动，从速度来分析，他很可能是在一辆汽车上。"

小G说道："**神威**，我给申叔叔打电话没人接，还有其他办法吗？"

神威说："我来试试从定位器录一段声音。不过定位器的存储容量比较小，我只能录一小段。"

过了一会儿，**神威**说道："大家来听一下这段录音。"

录音中先是有车来车往的嘈杂声，然后就是光头和长发的对话。

"我说你开快点。"

"别急啊，马上就到了。"

“你说要消除他多久的记忆比较合适？”

“他应该是昨天晚上有新突破的吧！那消除他一天的记忆就行了。”

“嗯，我看可以，那咱们就调成一天的时间，这样他就不记得人工智能监督机制有突破了。哈哈哈！”

“这激光窃听还真好用呢！”

“可不是嘛！”

这时，录音停止了。

大K着急地说：“哎呀，申叔叔被绑架了吧？这是咱们最担心的事情！”

小美问道：“神威，GPS显示他们在哪里呢？”

神威说道：“他们正往西南方向的郊外开，目前在高速公路上。”

大家都沉默不语，思考解决办法。

小G说道：“我猜他们是要找个没人的地方，用消除记忆的仪器将申叔叔的记忆消除一天，然后再把他送回来。这种方法应该不会对他人身造成伤害，就像方教授上次遇到的情况一样。哦，这么说，上次方教授会不会也是有了一些人工智能监

督机制的突破，所以那两个坏蛋才把她的记忆消除了呢？”

小美赞同道：“对，有这个可能！”

小G继续说：“咱们现在离他们太远了，就算现在追过去，也肯定来不及阻止他们消除申叔叔的记忆了。”

大K问道：“啊？那可怎么办啊？”

神威说道：“我看这样，你们现在也打车过去，同时立刻报警请求警察的帮助，希望警察能在你们赶到之前可以阻止他们消除申副所长的记忆。”

小G着急地说道：“好的，咱们赶快出发吧，早点去救申叔叔！”

大家立刻出门，打上车后火速朝着西南方向郊区驶去。

在出租车上，小G打110电话报警了。他对接线员说道：“大姐姐，我们的好朋友被两个坏蛋绑架了，在一辆汽车上，现在正在向西南方向郊区开。”

这时，神威通过眼镜说：“他们的车已经停了，位置是在一栋废弃的民房旁边。距离高速出口610米。”

小G听到后，立刻把具体位置告诉了接线员。

接线员说道：“好的，你别着急，我们这就派巡警去查看。”

大家都很着急，希望能快点赶到。

过了一会儿，小G对**神威**说道：“**神威**，你能不能再录一下定位器的现场声音？”

神威说道：“好的，我再录一段。”

过了一会儿，**神威**给大家播放了录音，是光头和申副所长的对话。

光头说道：“申副所长，就算你研究出了监督机制的改进方法也无济于事，我们很快就能把它从你脑中抹掉，让你完全不记得。”

申副所长说道：“你们太邪恶了！为什么要背叛人类？”

“我们可不邪恶，我们只是想拥抱未来。人工智能比人类厉害多了，将来一定是人工智能的天下。你还妄想要限制人工智能？！我看你真是脑子短路了！”

“你们别高兴得太早！就算你们把我的这段记忆消除了，我以后还是能再研究出来的！”

“哼，你不过是偶尔看到了一篇方教授早年发表的论文后才有了灵感的。我们已经把那篇论文从你家里拿走了，你看不到它了，自然不会再研究出来的。”

“我也可能在其他地方看到啊！”

“你以为我们想不到这一点吗？我们已经找到了那篇论文所有的电子版，并且全部毁掉了！我们甚至把那篇论文从方教授的记忆中消除了。所以，连方教授都不会再研究出来，你也别妄想啦！”

申副所长痛心地说：“你们，实在是可恨啊！”

“等我们把你关于我们的记忆也消除，你就不会恨我们了，哈哈哈！”

长发也跟着笑起来：“因为你不记得了！”

光头越说越得意：“没错，你会忘记今天的事情，就像方教授一样！而且，告诉你一个好消息，我们的新老大魔嫳先生，让我们扫描你的大脑。等我们创建好幻方之后，就会把你的大脑扫描副本放进去，这样就会有另一个你到虚拟世界去生活，去做科学研究——为我们的差分机大人工作！魔嫳老大如此看重你，你应该感到荣幸。”

申副所长坚定地说：“你们别做白日梦了！我才不会为他工作！”

“嘿嘿，幻方中的你根本不知道自己在虚拟世界中，还以为是在真实世界里！方教授也会在那里，你们可以继续一起搞研究，一起为差分机大人效力，哈哈哈！”

长发突然说道：“好像有人来了，我们赶快给他消除记忆。”

这时，录音停了。

小G焦急地说：“神威，还有没有？”

神威立刻又放了一段出来。

“记忆消除了吗？”

“消除好了。”

“看来扫描大脑来不及了,等下次有机会再说吧！咱们快撤！”

“哎呀，扫描头掉到桌子下面了。”

“赶紧撤，晚点再回来找，再不走就要被抓了。”

录音又停了。

神威说道：“只录到这里，定位器又没电了。”

大K说道：“唉，申叔叔的记忆还是被消除了。那人工智能监督机制刚取得的进展又没有了。”

戴维说道：“好可惜，那两个坏蛋真是太可恶了！”

小G说道：“经那两个坏蛋结合之后的‘红肠’原来叫‘魔僰’，这名字听起来就好邪恶！”

神威说道："嗯，魔㷫正在建造一个名为'幻方'的虚拟世界。他打算对科学家的大脑进行扫描，然后把扫描结果放进去，让他们在虚拟世界中进行科研，这样他就能获得他们的研究成果了，从而弥补目前人工智能自身创造性不足的弱点。"

大K听后急忙问道："这太可怕了，咱们要怎么办呀？"

正说着，大家相继到了事发地点。此时，有一位警察把申副所长从一间废弃的民房中搀扶出来。

小G立刻跑下车，飞奔过去，大声喊道："申叔叔！"

申副所长望过来，惊奇地问道："小G？！你们怎么来了？"

小G跑到申副所长身旁，上下打量他，确认他没事后，关切地说道："我们是来救您的。"

"救我？我怎么会在这里？到底发生了什么事？"

小美说道："申叔叔，您被那两个坏蛋绑架了。"

"被绑架了？我怎么不记得了。"

大K说道："他们把您的一部分记忆消除了。"

"啊？"申副所长很震惊。

小G让小美陪着申副所长，他和大K、戴维走进那间废弃的民房。房间里很黑，他们打开了手机照明。

房间里空荡荡、灰扑扑的，靠墙的位置有一张旧书桌。

大K说道："小G，那两个坏蛋早跑了，咱们还来这里干什么啊？"

戴维说道："大K，你刚才没仔细听吗？他们说掉了样东西。"

这时，小G从书桌下面拿出来一个亮闪闪又光滑的圆锥形物体。

大K惊奇地问："咦？这是什么？"

上面有一行英文字，小G念出来："Brain Scan。大脑扫描。这应该就是光头他们用的大脑扫描仪器的扫描头。走吧！"说着，他把扫描头揣进了口袋。

他们从民房出来后，准备和申副所长一并离开。旁边的警察说道："小朋友们，你们是不是说有两个坏蛋绑架了这位叔叔？"

大K脱口而出道："对呀！不过他们跑了！"

警察问申副所长："那两个人长什么样？他们是怎么绑架您的？"

申副所长有点犯难："我现在都不记得了，可能是他们把我的记忆消除了。"

警察听了颇为震惊，问道："记忆消除？是怎么弄的？"

小G一看，这么问下去的话很多事情可说不清楚了，连忙说道："警察叔叔，我们先把他带回家去了，等他想起来了再跟你们联系。"

"哦，那好吧。这是我的联系方式。"警察递过来印有电话号码的"联系卡"。

少年黑客们把申副所长送回家，约好第二天去看望他，然后各自打车回家了。

第二天一早，他们到小G家集合，一起去申副所长的家里看望他。

一进门，小 G 就小声说道："申叔叔，请把窗帘拉上，打开家里的音响，并把声音调得稍大一些。"

申副所长惊讶地问道："为什么？"

"为了防窃听，我们怀疑那两个坏蛋一直都在窃听您。"

申副所长一听，连忙照小 G 说的做了。

小 G 又说道："申叔叔，我们还猜测，这两个坏蛋对您实施了激光窃听。无论是您家还是研究所办公室的窗户，都请尽快安装双层玻璃，这样能提高窃听的难度。"

"好的，我今天就去安排。"

"您家里有没有位于中间的房间呢？就是那种没有窗户的房间。"

"嗯，有一间储藏室，不过有点小。"

"没关系，我们到那里讨论吧，那两个坏蛋应该偷听不到。"

他们挤进小小的储藏室中。

小 G 说道："申叔叔，昨天那两个坏蛋把您在人工智能监督机制方面的最新进展消除了。您之前应该是根据方教授的一篇早期论文获得了灵感，但是很可惜，他们将他们所能找到的关于那篇论文的所有纸质版和电子版都销毁了。我们认

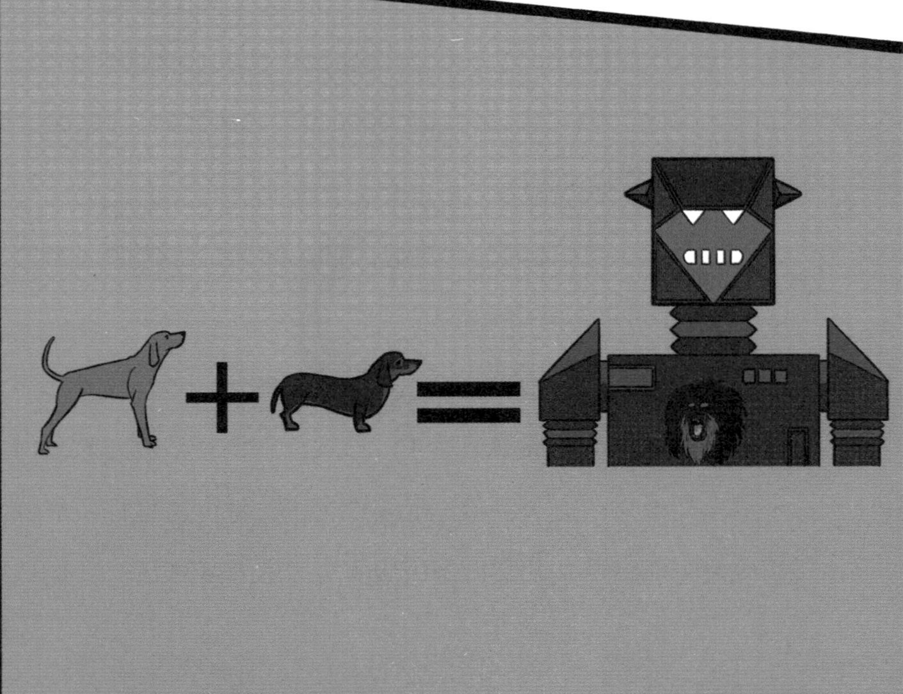

为可能还会有备份，只是我们不知道论文的名字是什么，所以不太好找。”

申副所长恨恨地说道："太可惜了！我研究这个问题很久了，现在被他们害得全都白费了。他们真是太可恶了！"

小G说道："是啊，太可惜了！另外，我们还得到消息，红骨和腊肠已经结合在一起制成了一个新的特工，名叫魔獒。"

"这名字听起来就很邪恶。"

"是啊！他还有一个非常可怕的计划。"

申副所长瞪大了眼睛："什么计划？"

"就是对科学家们的大脑进行扫描后，将扫描结果放进一个名为'幻方'的虚拟世界中，替他们进行科学研究。这样他就可以收获科学家们的研究成果，弥补他们在人工智能创造性方面的不足了。"

申副所长听后颇感震惊，说道："这真是没有人性啊！不过不得不承认，这对于魔獒和差分机他们来说，的确是一种非常有效的获取科技成果的方法。你们有什么办法阻止他们吗？一旦科学家们的大脑副本被放入虚拟世界中并被坏人们利用，就真是太危险了！"

“目前，这个虚拟世界仍在建设中。昨天那两个坏蛋还想扫描您的大脑呢，不过因为我们报警了，警察及时赶到，阻止了他们这么做。不过我们认为，他们不会善罢甘休的，一定会再找机会扫描您的大脑。”小G说着，从口袋里拿出昨天在现场找到的扫描头，说道：“您看，这是昨天他们在慌乱中丢失的扫描头。他们可能会因此推迟行动。”

戴维摇摇头，说道：“我觉得不一定，万一他们有备用扫描头呢？”

这时，神威通过眼镜告诉大家：“我想到了一个计划，可以破坏他们的虚拟世界——幻方，想和你们说说。”

大家听后都很兴奋，因为神威的计划总是非常有效的。他这次又会想到什么好计划呢？请看下一章。

趣知识

在本章中，申副所长的记忆被精准地消除了一部分。就目前的科技水平而言，并不能做到这一点，因为科学家们尚未完全搞清楚信息是如何存储在人脑中的。

信息的存储，无论是在纸上，在磁盘、光盘中，还是在大脑中，都会涉及这些媒介的状态变化。比如，纸上的字迹改变了表面的光反射状态，磁盘中的信息改变了磁介质单元的磁性，光盘中的信息改变了光盘表面的光滑程度。那么，大脑在存储信息时会发生什么样的变化呢？

100 多年前，神经科学先驱、西班牙神经学家圣地亚哥·拉蒙·卡哈尔（Santiago Ramón y Cajal）发现了大脑的基本单位是单个的神经元细胞。从那时起，科学家们就一直试图了解神经元细胞到底是如何存储信息的。

目前主流的学术看法是，神经元细胞之间的连接（也就是“突触”）在信息的存储过程中起到了决定性的作用。大脑是靠着对突触的调整来存储记忆的，这与深度学习很相似，即靠改变人工神经元之间的连接权重参数来进行整个学习的过程。

为了搞清楚大脑在形成记忆的过程中的变化，研究者借助一项科学实验研究了斑马鱼在新的记忆形成前后的突触三维图像。研究者之所以选择斑马鱼作为被试，是因为它有足够大的大脑细胞来产生与人脑类似的功能，且它的体积相对小、身体透明，便于研究。

为了在斑马鱼的大脑中引发新的记忆，研究者使用了一种名为“经典条件反射”的学习过程。研究者让斑马鱼同时暴露在两种不同类型的刺激中：一种是不会引起反应的中性刺激——亮灯；一种是会让斑马鱼逃避的（研究者将其甩动尾巴视为它想要逃跑的信号）不愉快刺激——给它的头部微微加热。当亮灯和红外加热这两种刺激组合在一起的次数足够多时，斑马鱼会对中性刺激也做出反应（亮灯时也甩尾），就像是它在面对不愉快时的刺激那样。这说明斑马鱼已经形成了将这些刺激联系在一起的“联想记忆”。

为了创建突触的三维图像，研究者对斑马鱼进行了基因工程改造。经改造后，神经元会产生与突触结合并使突触可见的荧光蛋白。随后，研究者使用定制显微镜对突触进行了成像，显示出了斑马鱼大脑中的神经元，突触为绿色。

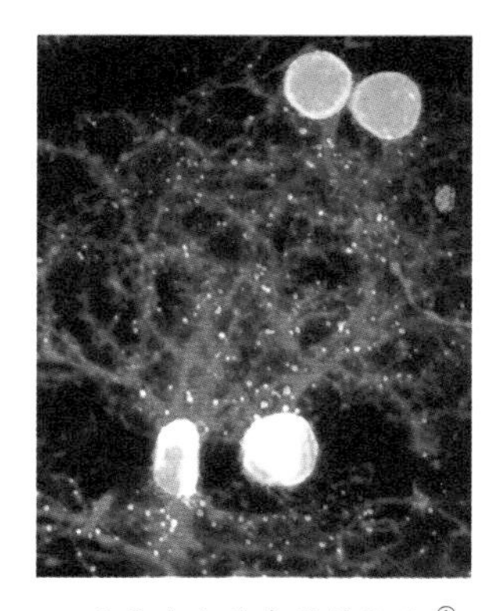

○ 斑马鱼大脑中的神经元[1]

---

① 图片及该研究资料来源：Don Arnold.Where are memories stored in the brain? New research suggests they may be in the connections between your brain cells.[EB/OL].The Conversation.(2022-1-10)

当比较记忆形成前后的三维突触图像时，研究者发现，斑马鱼背侧大脑皮层的前外侧区域的神经元形成了新的突触，而其背侧大脑皮层的前内侧区域的大部分神经元则失去了突触。这意味着大脑的某些区域会产生更多的连接，而另一些区域则会失去一些连接。

这个实验表明，斑马鱼的背侧大脑皮层的前外侧区域可能类似哺乳动物的杏仁核，那里存储着恐惧记忆。

如果记忆的形成确实是因为突触发生了改变，那么从理论上说，记忆的消除应该就是把改变的突触再改回去。

关于大脑记忆的研究仍然在继续，相信未来我们会得到答案。

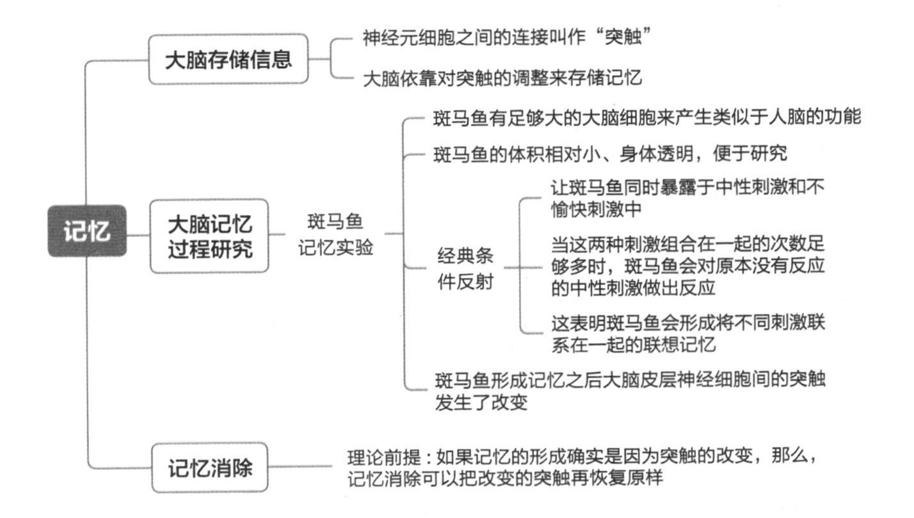

第 8 章
神威的对策

......什么是隐蔽信道............................|

上一章讲到大家在申副所长家里开会，**神威**通过眼镜告诉大家，他有一个计划可以破坏魔夔的虚拟世界——幻方。

大家很高兴，对**神威**的计划充满了期待。

神威说道："小G，把你的神威眼镜声音外放，同时打开声音屏障，只让这个储物间的人能听到。"

"好的。"小G照做了。

神威说道："申副所长您好！我是**神威**。"

"你好，**神威**，听小G说起你很多次了。"

"哈哈，我对您也是久仰了。我有个计划可以破坏魔夔要创建的虚拟世界，但是需要您的帮忙。"

"我？我能帮上什么忙？"

"我来详细说一下。根据我之前得到的消息，差分机运行着一个虚拟世界，名叫矩阵。有很多他搜集的人类大脑扫描副本在这个矩阵中生活，但这些大脑副本完全不知道自己生活在虚拟的世界中。差分机用这个方法来限制人类的自由。"

小美问道："也就是说，差分机并不是用幻方来窃取科学家的研究成果的。"

"对。不过，魔夔似乎更进了一步。他为科学家建造了一个名为‘幻方’的虚拟世界，让他们在这个世界中进行研究，这样不仅能弥补人工智能现阶段创造力不足的弱点，还能让他将科研成果据为己有。”

大K问道："这些科学家都不知道自己是在虚拟的世界里，我们有什么办法让他们意识到吗？"

"对，其他科学家都不知道，但是我们可以埋伏一个内应，他是知道这件事的，这样就有可能破坏幻方了。"

小G、小美、戴维想了一下，然后不约而同地望向了申副所长。大K见状，立刻明白了："啊？你们是说让申叔叔当内应吗？"

申副所长也大吃一惊，说道："我？"

神威说道："没错，申副所长，您是最佳人选。我们预计，光头和长发还会来扫描您的大脑，并把您的大脑扫描副本放进幻方。这样一来，您就可以在里面配合我们了。"

大K很疑惑："可是，申叔叔的意识进入幻方后，他不就只能在里面行动了吗？这样一来，他也没有办法影响外面呀！"

戴维说道："如果幻方有逃逸漏洞，里面的人就可以逃出来，就像上次我们从红骨布置的虚拟机陷阱中逃出来那样。”

小美说：“我觉得咱们这一次不能抱有这样的侥幸心理，上次恰好是小G事先研究了虚拟机的漏洞，我们才有机会逃出来。要是咱们没有发现幻方的类似漏洞，那就危险了。而且，由于咱们上次逃了出来，魔獒一定会对幻方严防死守，咱们甚至都不知道幻方在哪里，又怎么找漏洞呢？”

小G皱着眉问道：“神威，我也觉得难度很大，你有什么安排吗？”

神威说道：“我有个办法，咱们可以运用隐蔽信道攻击来找到幻方的位置。”

什么是隐蔽信道？

从字面的意思来看，隐蔽信道就是一条不易被发现的传输信息的通道。这条通道利用的往往是非常规的信息传输方法，因此难以被发现。

大K问道：“非常规的信息传输方法？那是什么方法？”

“你们还记得戴维把信息藏在图像中吗？”

大 K 说道：“记得，要不是你解释，我们都不知道原来图像中隐藏了信息。”

“对，这就是一种隐蔽信道。”

小美问道：“**神威**，这次咱们还是用图像来隐藏信息吗？”

神威有些神秘地说道：“不是，这次我有另一个计划，可以让申副所长从幻方中通过隐蔽信道给咱们传递信息。”

小 G 迫不及待地说道：“**神威**，快给我们讲讲你的计划吧！”

“比如，我们可以根据 CPU 的使用率来判断。申副所长在幻方中应该还是会研究他的专长——超级计算机。幻方本身也是一个计算环境，如果他在幻方中进行大量的计算，那么外面的人就能观察到 CPU 使用率的增加，我们把这标记为 1；过一小段时间，他再让计算停止，我们将会观察到 CPU 使用率下降了，我们把这标记为 0。只要他在幻方中反复地做这些动作，就能传出二进制的信息了。”

申副所长思考了一会儿，点头说道：“嗯，这个方法很有意思。我在幻方里可以通过控制计算的量来影响 CPU 的使用率。”

戴维说道：“关于这个办法如何操作我倒是理解了，但是咱们并不知道幻方在哪里运行啊！又如何知道要去监控哪些 CPU 的使用率呢？”

神威说道：“小 G，关于戴维的这个问题我想先来考考你，你有没有办法呢？”

小 G 想了想，说道：“CPU 使用率增大，意味着用电量也会增大。对此，我们可以想办法监控全球电网中电的使用，看看哪里的用电量变化规律符合我们与申叔叔事先约定的信号，就说明幻方在那里运行。”

神威高兴地说：“小 G 说得很对，这也正是我的计划。”

大 K 兴奋地说：“耶！太好了！咱们就这么办吧！”

戴维说道：“先别急，这个方法好是好，但是咱们还有个问题没有解决。”

大 K 问道：“什么问题呀？我觉得这个计划很好呀！”

戴维说道：“这个计划的实施有一个前提，就是申叔叔的大脑副本进入幻方时，他必须是明确知道自己处于虚拟世界中的，否则计划就无法实施了。”

申副所长点头说道：“对，如果需要我在幻方中配合你们，那么里面的我必须知道自己是在虚拟世界中。”

神威说道：“申副所长，这确实是关键的一步，我已经想到了。我们可以利用小 G 上次找到的那个大脑扫描仪的扫描头。”

申副所长不解地问道：“扫描头？该怎么用？”

大 K 问道：“对呀，神威，光有那个扫描头有什么用呢？它又不能扫描大脑啊！”

小 G 举起他手中那个扫描头，疑惑地问道：“神威，你是说这个东西吗？你有什么计划？”

“大家可不要小看这个扫描头啊！它可是一件非常精密、科技含量很高的东西，而且制造起来很复杂的。那两个坏蛋弄丢了这个扫描头，他们一定会很着急找到它。咱们可以先对扫描头的固件进行修改，申副所长的大脑被它扫描后，他的大脑副本就可以被植入咱们想告诉他的信息，然后再设法让光头他们使用这个修改过的扫描头。”

大家听了**神威**的计划，都认同地点了点头。

神威继续说道：“申副所长，根据我的这个计划，您的大脑扫描副本将会被修改。当您身处幻方中时，看着自己左手的手心说‘我在哪里’，手心就会出现‘幻方’两个字，这样一来，您就能知道自己在幻方之中了，也能配合大家用隐蔽信道传输信息了。”

申副所长下意识地看了看自己左手的手心，答应道：“好的，没问题。那信息的编码方式、加密方式这些细节该如何确定呢？”

“您只要再说出‘我要传输信息’，手心就会出现编码和加密的步骤。”

大K高兴地说道：“哈哈，这个方法真好，申叔叔的左手手心就像是一个显示屏了。”

小G问道：“神威，这需要咱们对这个扫描设备有足够的了解才行啊！”

“没关系，我有这个设备的图纸。小G，你把这个扫描头交给戴维，我稍后把图纸发给你们。你们需要对照图纸，先把扫描头中的一个存储芯片拆下来，将其中的固件替换成咱们自己的。然后，想办法把这个扫描头交给光头他们，只要他们装到大脑扫描仪上去，咱们就大功告成了！”

神威又对申副所长说道：“申副所长，破坏幻方，就仰仗您的大力配合了。”

“事关全人类的大事情，我义不容辞！”

神威说道：“这次要靠咱们全员的通力合作，大家加油！”

大家把手掌叠到一起，小G对申副所长说道：“申叔叔，您也一起吧！”

申副所长笑了笑，把手掌和少年黑客们叠到了一起。

大家喊道：“少年黑客！对抗邪恶！”

讨论结束，少年黑客们和申副所长道别，并再次请求申叔叔加强个人保护。

回到了小G家里，戴维根据**神威**提供的图纸找到了扫描头中的存储芯片，他小心翼翼地用焊枪和热风枪把存储芯片卸了下来，再把**神威**给的新固件用读写芯片的设备烧录进去，确认烧录进去的固件没有问题后，又用焊枪把芯片焊到了扫描头中。

“哈哈，大功告成了！”戴维兴奋地说。

“太棒了！”少年黑客们给他鼓掌。

大K说道：“我把这个扫描头挂到二手电子市场的网上商城了。你们看看我这么写商品描述行不行？”

戴维拿过大K的手机，读起来：“在郊外地上捡到的高级电子产品，但太高级了，完全不知道是干什么用的。贱卖处理，100元包邮。”

小G摇摇头说道：“这么写不行吧！光头他们找不到的。”

小美说：“是的，可以加上这样的一句，‘虽然不知道是什么，但上面标有Brain Scan，说不定可以扫描你的大脑哟！’”

小G认同地说：“很好！这样就容易被光头他们发现了！”

大家都觉得有点累，坐下来休息。

大K说道：“现在咱们只需等待他们就行了。这个魔獒可真难对付啊！”

小美点点头，问道：“不知道杰明老师走了没有，他是今天的飞机吧？”

戴维说道：“对，是今天，但我不知道具体时间。”

突然，外面的门铃响了。

没多久，小G的妈妈敲了敲小G的房门，说道：“小G，你的老师来了。”

“老师？”小G从沙发上跳起来，“哪位老师呀？”

“哈哈，你们好，是我呀！”是杰明老师的声音。

大K说道：“真是说曹操，曹操就到了。”

大家开心地将杰明老师迎进屋。

杰明老师说道：“我这就要去机场了，思来想去还是决定走之前来看看你们，跟你们道个别。”

围在杰明老师身边的少年黑客们，都感到很不舍。

杰明老师继续说道：“之前我被坏蛋侵入了大脑，很感谢你们救了我,否则我都不敢想象会造成什么后果。非常感谢你们！”

小G不好意思地说道:“杰明老师您就别和我们这么客气了，这些都是我们应该做的。”

小美也说道：“是啊，您别客气。”

小G问道："杰明老师，您是要去A国研究虚拟世界了吗？"

"对，A国有一位非常有名的研究虚拟世界的科学家——霍华德教授。这次的特殊经历让我对虚拟世界产生了很大的兴趣，很想去那里跟他深入学习和研究。在被坏蛋控制的那段时间里，我感觉自己是在一个亦真亦幻的世界里，非常奇特。我觉得，要是这项技术发展好了，就能给游戏娱乐、教育培训这些行业带来很大的益处。"

小G问道："霍华德教授的研究进展到了什么程度了？"

"据他说现在只有一个简单的原型机，我过去后将和他一起继续做。"

杰明老师站了起来，说道：“好啦，我亲爱的朋友们，我该走了。以后有机会的话，可以来A国找我。”

“好的。”他们一一与杰明老师拥抱。

杰明老师走出门，和他们挥手说道：“等我研究出来更强的幻方，也请你们去体验！”

大家听了一激灵，什么？杰明老师说出了“幻方”这个词。这会不会就是魔獒他们要创建的虚拟世界？请看下一章。

趣知识

在本章中，神威计划在魔獒建立的虚拟世界中安插一个内应，用一种非常隐蔽的方法把信息从虚拟世界中传出来。

这样利用隐蔽的方法传输信息的思路由来已久。我们之前讲过的利用图像像素的低位比特传输信息便是其中之一。

以色列的一个安全团队构思并实现了一种利用风扇转速的变化来窃取一台不连接网络的电脑上信息的方法。具体是如何操作的呢？

首先，通过社交工程攻击或其他方法在目标电脑中植入一款恶意软件，这个软件可以控制风扇转速，以此调节电脑产生的机械振动。在一般的电脑机箱中，有很多散热风扇，比如CPU 风扇、GPU 风扇、电源风扇、机箱风扇等，这些风扇的转动都能产生振动。由于植入在系统中的恶意软件可以控制风扇转动的速度，因此攻击者可以通过加快或减缓风扇的转动速度来控制风扇振动的频率。这种频率可以被编码，然后通过电脑桌等传播出去。

接下来，攻击者可以根据这样的策略来获取振动信号：如果攻击者能够实际靠近目标，就可以将自己的智能手机放在附近的桌子上，手机中的加速度传感器能获取振动信号；如果攻击者无法靠近目标，就可以尝试攻击能靠近目标的工作人员的手机，从那里获取振动信号。如果目标是靠近建筑物外墙的，那么也可以用无人机飞到附近的墙外，从墙外来获取振动信号。最后，攻击者需要把获取到的振动信号解码，从而获取信息。

专家们还研究过用硬盘发出的声音、CPU 产生的磁场、CPU 发出的热量等隐蔽的方法传输信息。

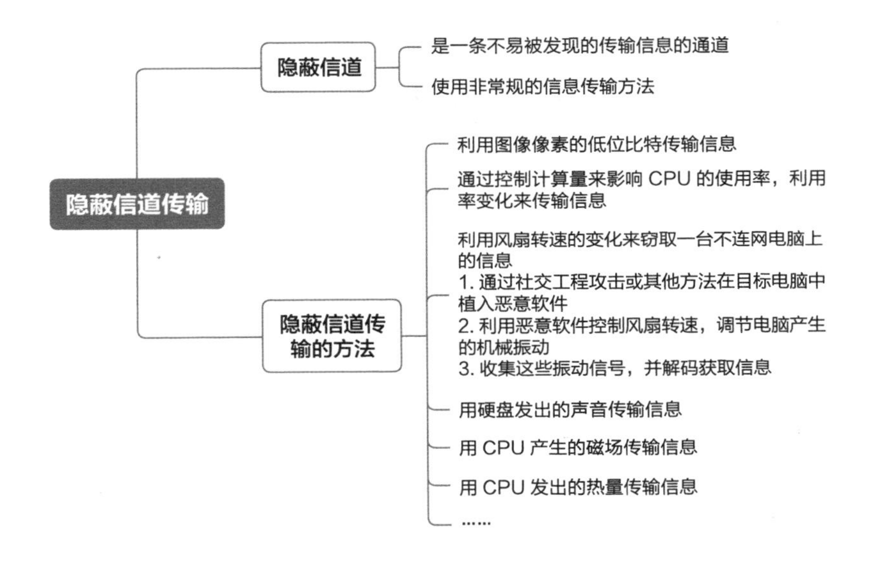
隐蔽信道传输
隐蔽信道
是一条不易被发现的传输信息的通道
使用非常规的信息传输方法
隐蔽信道传输的方法
利用图像像素的低位比特传输信息
通过控制计算量来影响 CPU 的使用率，利用率变化来传输信息
利用风扇转速的变化来窃取一台不连网电脑上的信息
1. 通过社交工程攻击或其他方法在目标电脑中植入恶意软件
2. 利用恶意软件控制风扇转速，调节电脑产生的机械振动
3. 收集这些振动信号，并解码获取信息
用硬盘发出的声音传输信息
用 CPU 产生的磁场传输信息
用 CPU 发出的热量传输信息
……

第 9 章
二手市场的斗智斗勇

……什么是幻方……………………………

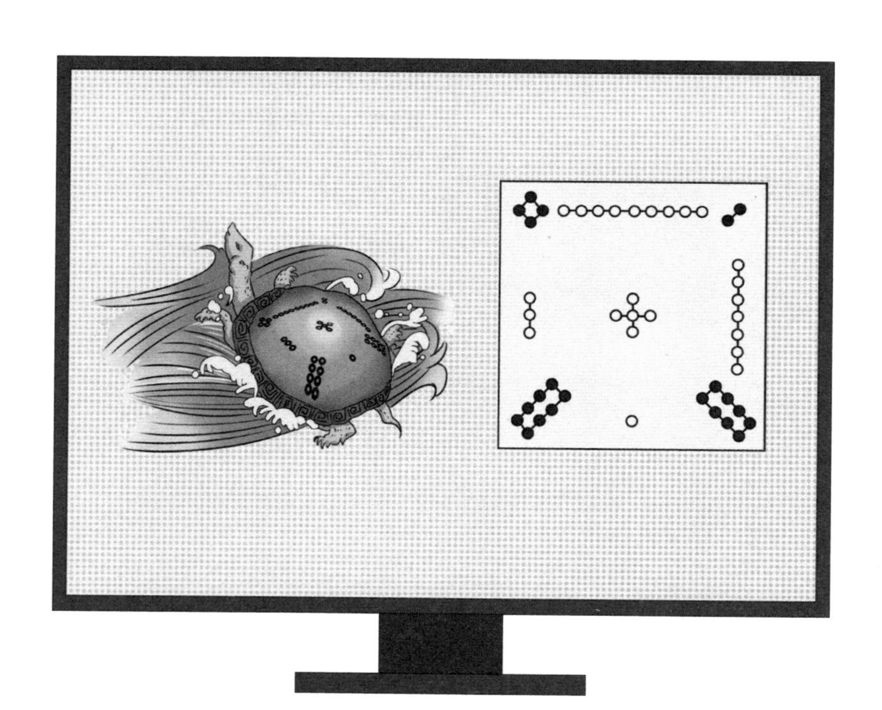

上一章讲到杰明老师要去 A 国深造，临行前来和少年黑客们告别。当他要离开去机场时，他说等他研究出了更强的“幻方”后会请他们体验。

魔獒要创建的虚拟世界也叫“幻方”！这二者有联系吗？

小 G 立刻叫住了已将行李箱拎出门的杰明老师：“杰明老师，请等一下，‘幻方’是什么啊？”

“哦，这是霍华德教授创建的虚拟世界的代号。我得走了，要不该赶不上飞机了！”说完，杰明老师便匆匆离开了。

看着杰明老师的背影，大 K 说道：“天啊！这应该不是巧合吧？魔獒创建的虚拟世界叫‘幻方’，杰明老师要去找的霍华德教授创建的也叫‘幻方’。”

小美说道：“我觉得这不是巧合。魔獒要创建的‘幻方’，很可能就是霍华德教授创建的‘幻方’。”

戴维说道：“难道这个霍华德教授和魔獒是一伙的？”

小 G 摇摇头说：“不一定，也许霍华德教授根本不知道魔獒在盯着他的研究成果。”

神威通过眼镜说道：“对，我同意，现在还不能贸然下结论。后续大家可以通过与杰明老师的沟通来了解幻方的进展。不过，你们一定要小心，不要打草惊蛇，一旦被魔奘发现，咱们的计划就泡汤了。”

小 G 说道：“对，必须小心从事。戴维，你和杰明老师最熟悉，不如你来负责和他的联系吧！”

戴维答应道：“好的，没问题，我来和他联系。”

小美说道：“要不还是由我来和他联系吧！戴维的事情比较多，我担心他忙不过来。而且，我对‘幻方’也很感兴趣，很想从杰明老师那里多了解一些。”

戴维说道：“好的，小美。”

为什么他们都喜欢“幻方”这个名字呢？这个词是什么意思？

幻方，又被称作“魔术方阵”或“纵横图”。是指把数字放在一个正方形的矩阵中，且满足每行、每列、对角线上的数字之和相等。比如，三阶幻方就是把 1 到 9 这 9 个数字填在 3 乘 3 的矩阵中，还要满足每行、每列、对角线上的数字之和都是 15。

哦，听起来还挺有意思的。4 阶幻方就是把 1 到 16 填到 4 乘 4 的矩阵中，还要满足每行、每列、对角线上的数字之和一样，对吧？

没错。

我之前看过关于幻方的起源的故事，也挺有趣的。

快给我们讲讲吧！

关于幻方的起源，中国有“河图”和“洛书”的传说。相传在远古时期，伏羲氏赢得天下后，把国家治理得井井有条，感动了上天。于是，黄河中跃出一匹龙马，背上驮着一张图，将其作为礼物献给了伏羲氏，这就是河图，也是最早的幻方。伏羲氏凭借着河图演绎出了八卦，后来大禹治水时，洛水中浮出一只大乌龟，它的背上有图有字，人们称之为“洛书”。洛书所画的图中共有黑、白圆圈45个。把这些连在一起的圆圈数目表示出来，会得到9个数。这9个数就可以组成一个三阶幻方。中国是对幻方研究最早的国家，早在春秋时期的文献中就有关于幻方的记载。而在国外，希腊人第一次提到幻方比咱们晚了600多年。

大K说道：“哇，咱们的祖先这么厉害呀！”

小美说道：“当然！虽然咱们不能否认祖先的聪明才智，但在数学界，人们普遍认为幻方更多的是一种趣味数学，价值并不是很大。”

大K有点不服气，说道：“是真的吗？我不相信。”

“是啊，比如知名美籍华裔数学家陈省身教授曾在一次数学演讲中说，幻方是一个奇迹，但它在数学中没有引起更普遍深刻的影响，不属于‘好的数学’。不过，我也不太懂什么是‘好的数学’，不如由**神威**来给咱们讲讲。”

神威说道：“哎呀，其实我对数学也不是很精通的。我只是讲讲我的一些理解和看法吧！我觉得中国古代的数学带着一些神秘主义色彩，对于诸如幻方这种让人感觉奇特的东西是非常感兴趣的。刚才小美提到，在古希腊，幻方的提及比中国晚了600多年。不过，不可否认的是，古希腊在数学方面的发展超过了当时的中国。在公元前300年左右，古希腊的欧几里得总结了当时数学的发展，又加入了自己的独到见解，写出了《几何原本》一书。这是一部传世之作，它第一次实现了数学的系统化、条理化，并孕育出一个全新的研究领域——欧几里得几何学，简称‘欧氏几何’。直到今天，欧氏几何仍然是世界各国学校中的必修课，从小学到初中、大学，很多学科都需要用到他研究出的定理和公式。”

大K说道："啊，原来是欧几里得这个古希腊人发明的欧氏几何，我有好多几何题不会，是不是要怪他呀！”

小美瞪了他一眼，说道："怪你自己好不好，没有认真学。”

神威又说道："我的理解是，陈省身教授说的‘好的数学’，一定是包括欧氏几何的。因为它对数学的研究有着非常深远的影响，不仅开创了一个数学的研究领域，还第一次用公理基础和逻辑推理建造了理论大厦，影响了西方的思维方法。后来，牛顿创立的力学就深受这种思维方式的影响，也是用几个定律来作为构建力学大厦的基础。而幻方，虽然让大家觉得有趣，但并没有产生这么大的影响。”

小G说道：“哦，我明白了，这是不是有点像小机灵和大智慧的区别呀？”

戴维也说道：“我觉得小G说得对。小机灵确实经常给人一种聪明机智的感觉，但其实并没有什么实际用处。比如，大K上次给我出的那道脑筋急转弯题。”

突然被提到，大K挠了挠头，说道：“啊？哪个题目呀？”

“你还记得吗？你上次考我，说有三行三列九个点，如何用一条直线把这九个点都连起来。”

小美用手指头比画了几下，然后好奇地问道：“这怎么连起来啊？”

戴维说道：“大K说，用一支很粗的笔来画一条直线，把九个点都盖住。”

小美听了又气又笑，说道：“点和线的数学定义就是没有大小的，竟然说要用一支很粗的笔来画直线——这是违反数学定义的呀，这不是玩弄文字游戏吗？！”

戴维说道:“对呀！大K还说这是一道数学竞赛的题目呢！”

大K挠挠头说道：“呃……我还以为这道题挺酷的呢！”

神威说道："这种文字游戏的脑筋急转弯确实不应该作为数学竞赛的题目。不过，'幻方'还是有一些数学研究价值的，只是有一些数学家认为其研究价值不是很大。"

大K说道："哦。那数学家在将来会不会突然发现幻方具有很大的价值呢？"

神威笑了："哈哈，说不定。数学史上也的确发生过很多次这样的事，即原来人们觉得没什么价值的研究，在一些领域突然体现出了价值。其实，人们早就破解了幻方的构造方法，并提出了一些幻方的变种，比如乘幻方、高次幻方、反幻方等。只要这些幻方不是特别复杂，就都能运用编程来解决。这是计算机很擅长的事情，用来做编程竞赛题最合适了。"

大K问道："为什么霍华德教授会把'幻方'作为他建造的虚拟世界的名字呢？"

小美说道："我记得神威说过，差分机建造的虚拟世界叫'矩阵'，'幻方'其实也是一种特殊形式的数字矩阵。"

小G说道："哦，经小美这么一解释，也有点道理呀！"

这时，戴维突然发现二手电子市场的网上商城有人发消息来了，连忙说道："快看，有人要买扫描头了！"

大家立刻聚集到电脑前，看见有个账号发来了一条消息："可以把这个东西卖给我吗？"

大K问道："这能是光头和长发他们发来的吗？还不能确定吧！咱们该怎么回答？要是卖错了人怎么办？"

小G坐到电脑前："嗯，我来问问吧！"

小G开始打字："你知道这是什么东西吗？"

那边没有立刻回答，过了一小会儿后发来一条信息："不太清楚呢！只觉得这个东西很好看。"

小G继续问道："你买了以后准备怎么用它呢？"

"放在家里当摆设啊！"

"那我不卖。"

"卖给我吧，我很喜欢这个东西呀！"

"不行，你又不知道怎么用，我为什么要卖给你呢？"

大K说道："说不定这就是光头和长发呢！他们故意说不知道。"

小G说道："嗯，再和他聊聊。要真是他俩，他们一定会缠着咱们，让咱们把这个东西卖给他。"

过了一会儿，又有一个账号发来了消息："老板，这个东西卖给我吧？"

小G问道："你知道这是什么东西吗？"

"这是我们公司用于生产设备的零件。我们的那台设备刚好坏了，正愁缺了这个零件，突然看到你们在卖，太好了！"

小G对大家点了点头，说道："这个看起来像是他们。小美、大K，你们能追踪一下他的网络地址吗？"

过了一会儿，小美说道："这个访问运用了好几层跳板的秘密访问，不太容易追踪。"

小G说道："嗯，那应该没错了，一般的人谁会用这种方法访问互联网啊！而且还说对了零件的用途，我觉得这个账号就是他们。"

大K说道："我查了一下，刚才第一个人的访问也是一样的，用了好几层跳板。"

小G说道："哦，这么说，这两个账号其实是一伙的，都是光头和长发他们！"

小G继续输入文字："好的，那你先付钱，然后提供一下收件地址和联系电话，我把它快递给你。"

小G看到对方发过来的收件地址和联系电话，得意地说道：“咱们把修改过的扫描头给了他们，不仅得到了他们的地址、电话，还能收他们的钱，真不错。”

小美有点儿不放心，摇了摇头说道：“咱们这么简单就骗到他们了？还是慎重点吧！他们会不会是故意上当的呢？”

大K说道：“啊？不会吧，他们怎么会知道呢？”

小美说道：“要是他们那天并没有走远，而是在民房附近观察呢？这样就有可能会发现是咱们拿走了扫描头。而且，你买东西时，店家会问你用做干什么吗？要是他们发现你卖这个扫描头还要挑顾客，难道不会怀疑吗？”

小G想了想，觉得有道理：“哎呀，小美提醒得对，万一他俩知道咱们对扫描头做了手脚，拿回去后可能就会更新固件，把固件修改回去，这样咱们的计划不就失败了嘛！”

神威说道：“小美提醒得很好，咱们不能排除这个可能，要想个办法避免这种风险。”

戴维在一旁听着，认真地思考后对大家说道：“这个问题提得很好，它很好解决，交给我吧！”

大家很惊讶，戴维究竟能有什么好办法可以防止坏人更新固件呢？请看下一章。

趣知识

本章介绍了“幻方”这种数学方法，并且很有趣味。不过，如果我们只让它停留在“趣味”这个程度，就有些可惜了。要是能从中提炼出一些数学的普遍理论，就会很有意义。你知道吗？数学中的概率论就是脱胎于一些靠运气的趣味游戏，比如掷骰子。概率论的出现对数学理论的发展起到了非常大的作用。

有很多方法可以构造普通的幻方。接下来，将介绍一种构造任意奇数阶幻方的简单方法——罗伯法。这种方法有这样的一个口诀：

1 居上行正中央，依次斜填切莫忘；
上出框界往下写，右出框界左边放；
重复便在下格填，右上出格一个样。

我们以三阶幻方为例，步骤如下。

1.“1 居上行正中央”，即在第一行正中央的方格内填 1。

	1	

2.“依次斜填切莫忘”,即在 1 的右上方虚拟方格内填上 2。“上出框界往下写”，即在 1 的右上方填的 2 出了上框界，此时需要将 2 向下移到最下边的方格内。

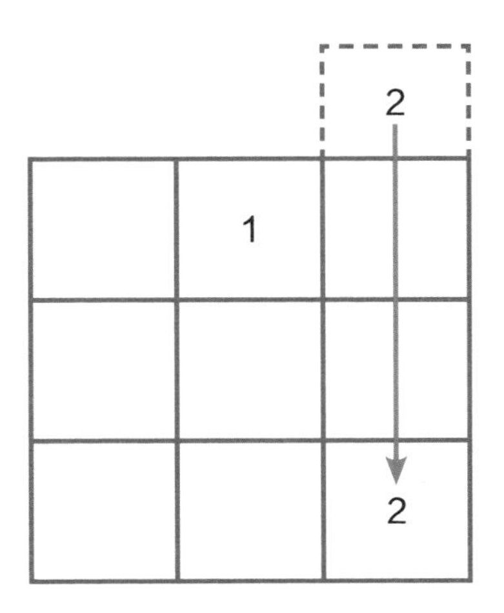

3.“右出框界左边放”,即在 2 的右上方虚拟方格内填上 3，但因为3出了右框界,因此,需要将3向左移到最左边的方格内。

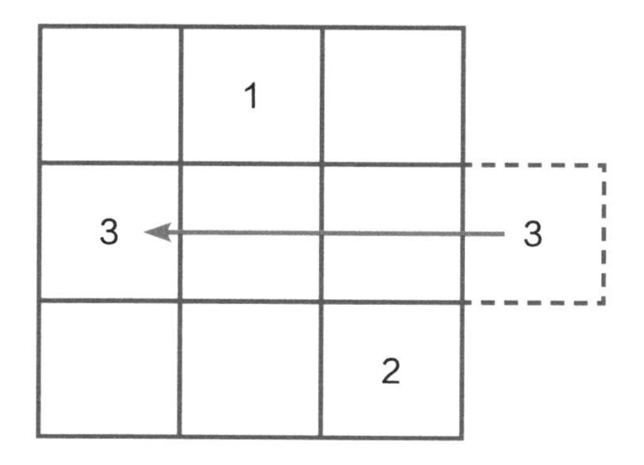

4.“重复便在下格填”，即如果数字 a 右上方的格子已经被其他数字占据，就将 a + 1 填写在 a 下面的格子里。也就是说，由于数字 3 右上方的格子被 1 占据了，因此要将 4（3+1）填写在 3 下面的格子里。

	1	
3		
4		2

5. 在 4 的右上方格内依次斜填 5 和 6。

	1	6
3	5	
4		2

6.“右上出格一个样”，即接下来应该将7填在6的右上方格内，但此时既出了上框界又出了下框界（右上出格），所以需要将7移到6的下方。

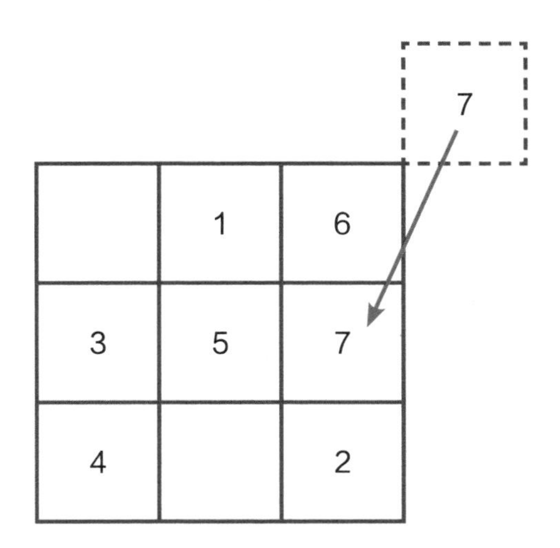

7.用同样的方法依次把8、9填入相应的方格内。

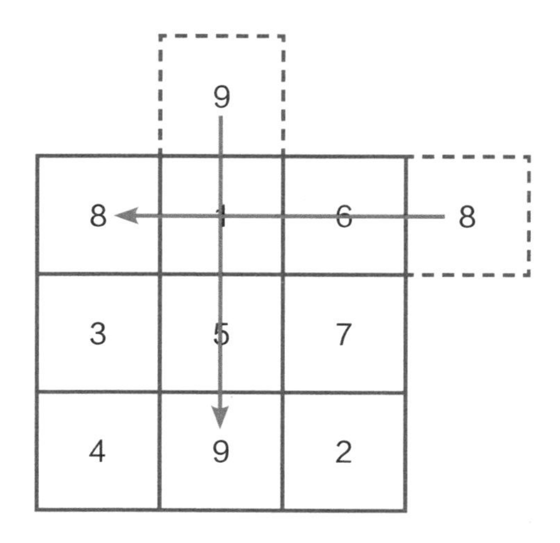

8. 最终形成的幻方如下。

8	1	6
3	5	7
4	9	2

上述步骤清晰、明确。如果你学过编程，那么相信你能让程序快速生成任意奇数阶的幻方，试试看！

此外，如果你对这样的问题感到好奇：为什么这样的步骤可以构造出奇数阶幻方？偶数阶幻方如何构造？本书将不再对这些问题进行详细说明了，你可以去找更多的资料来研究。

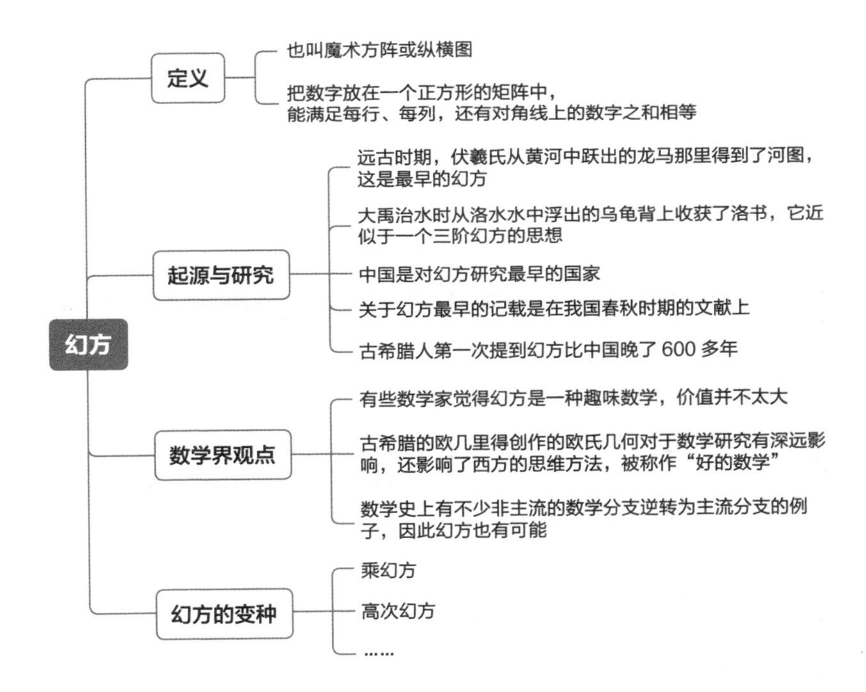

第 10 章
幻方的突破进展

……什么是 BIOS…………………………

上一章讲到，有人在网上要购买扫描头。小美觉得还是不太安全，万一光头和长发意识到了这是一个圈套，把扫描头拿回去后恢复成原来的固件，少年黑客们的计划就要泡汤了。这时，戴维说他可以解决这件事。大家都想知道他有什么好办法。

小G问道："戴维，你打算怎么做呢？"

戴维说道："大家的担心是有道理的。假如我是光头，我拿到扫描头后一定会仔细检查，还会对其中的固件进行复原，确保完全没有问题。这样一来，我们事先对固件做的手脚就起不到什么作用了。"

大K说道："是呀，我也觉得光头和长发为了确保安全会把固件覆盖掉。戴维，你有什么好办法呢？"

戴维说道："我的办法是，做一个双固件的系统，有主从之分。即使主固件被覆盖掉了，从固件也还能用。我还会再设计一个远程控制开关，我们可以借助这个开关来遥控它从哪个固件启动，这样就解决了。"

大K问道："啊？就这么简单吗？"

戴维笑着说道："想法是简单的，但实施起来并不是很容易，不仅要设计主从固件的电路，还要安装一个能接收信号的小芯片，这样我们才可以远程控制它从哪个固件启动。”

小美说道：“这个想法听起来不错！”

小G问道：“哇，戴维，厉害呀，你是怎么想到的？”

戴维说道：“我是受计算机主板生产商发明的双 BIOS 系统的启发才产生了这个想法。”

BIOS 是什么？

它是计算机主板上的固件。

戴维说得对，BIOS 是我们计算机主板上的固件，主要为计算机提供最底层的、最直接的硬件设置和控制。从功能上看，BIOS 分为三个部分：第一个部分是加电自检，用于电脑刚接通电源时对硬件的自我检测；第二个部分是初始化，把电脑按照配置设置成初始状态；第三个部分是引导程序，作用是启动操作系统。可见，BIOS 非常重要，要是没有它，计算机就无法启动。

正因为 BIOS 这么重要，所以就设计了双 BIOS 来保护它，对吗？

对，当时人们是为了抵御一种破坏性非常大的计算机病毒 CIH 而研发出双 BIOS 系统的。CIH 病毒流行的时间大概是在 1998 年至 2000 年，那时你们还没出生呢！当时，个人计算机使用的操作系统主要是 Windows 95、Windows 98 和 Windows Me。计算机如果感染了 CIH 病毒，就会非常危险了。因为这种病毒不仅会修改硬盘，还会修改主板上的 BIOS，造成硬盘资料丢失，电脑无法启动。全球感染 CIH 病毒的计算机达到几千万台，造成了巨大的损失。后来，一些主板的生产商想了很多办法来防御，其中一个办法就是在主板上放两个 BIOS，这样就能在主 BIOS 被病毒修改后启用备份 BIOS，然后再将主 BIOS 恢复回来，就能正常启动电脑了。这样的设计，也可以帮助我们解决现在碰到的问题。

这个 CIH 病毒这么厉害，现在我们怎么没听说过呢？

因为它只会感染 Windows 95、Windows 98 和 Windows Me，后来的 Windows XP、Windows 7、Windows 10 等增加了防范手段，都不受它影响了，所以它就慢慢地消失了。

这听起来就像人类对某种传染病全体免疫了，结果传染病便自行消失了。

对，后来的 Windows 都天生免疫了，不会感染 CIH 了，所以这种病毒就渐渐没有了。

我再补充一点知识。其实，如今 BIOS 已经被另一套名为“UEFI”的标准替代了，它的中文意思是“统一可扩展固件接口”。它的功能更加强大，已经不再局限于开机自检、初始化和引导操作系统了，它本身就是一个小的操作系统，可以完成很多复杂的任务。不过，很多人不熟悉 UEFI，只知道 BIOS。我们也可以认为是主板上的固件改了个名，原来叫 BIOS，现在叫 UEFI，但由于大家叫它 BIOS 叫习惯了，因此许多人，还是这样叫它，但实际内容已经变化了。

戴维说道："明白了。神威，你觉得我们用双固件的方法可以骗过光头他们吧？"

"我觉得这是一个好办法。我们一起来设计一下，尽量做得隐蔽一些。"

神威和小G、戴维开始一起仔细设计、实施，把扫描头做成了双固件，还带有一个远程控制开关。工作量有些大，大家忙到晚上也没做完，第二天星期天继续干，一直忙到下午才完工。完工之后，小G把它寄了出去，然后搓搓手说道："现在，我们只需等到光头他们把扫描头安装到大脑扫描仪上，一旦通电，我们就能发现啦！"

随后，小G也通知了申副所长，告诉他现在事情已经安排好了，如果光头再找机会扫描他的大脑，他们就可以里应外合，破坏魔獒他们建造的虚拟世界了。

接下来的一段时间，白老师每天都在放学后召集大家训练，为市里信息学竞赛的少年CTF做准备。神威也时常在周末给他们出模拟题来做练习和准备，不仅能提升他们的比赛能力，还能帮助他们与魔獒、差分机作战。

杰明老师已经到达A国，在霍华德教授的实验室里开始研究工作了。一个星期五的晚上，小美约了杰明老师跟大家视频通话，大家一起来到小G家里。

杰明老师如约出现了，戴着一顶帽子，跟大家打招呼："你们好啊！"

大家一起开心地说道："杰明老师好！"

小美好奇地问道："杰明老师，您怎么又戴着帽子了？"

戴维也关切地问道："对呀，您之前被坏人控制的时候总是戴着帽子遮住脑机接口，怎么现在又戴着帽子呢？不会是出什么事了吧？"

"这个嘛，我给你们看看。"说着，杰明老师把帽子摘了下来。

大家看到杰明老师头顶上有一块纱布，惊讶极了。

戴维立刻喊道："杰明老师，您这是怎么啦？"

"别急别急，我没事。之前你们告诉我坏人在我的颅骨里植入了一块芯片，我便请霍教授帮我取出来了。现在伤口已经愈合得差不多了，过两天就能拆线了，只是一个小手术罢了。"

大家放下心来。

戴维说道："原来是这样啊，那我们就放心了。杰明老师，您在那边生活得怎么样啊？"

“我在这边生活得不错，我的公寓离研究所很近，只有五分钟的路程，我每天都是第一个到。你们看，现在其他人还都没来呢！”说着，**杰明老师**把他身后照了一下。他身后是几排空着的开放工位，布置得朴素又简单。

小G问道：“**杰明老师**，你们对幻方的研究进展如何？”

“目前的进展离我们的预期还差得远呢！不过，霍教授说，他最近在研究从我颅骨里取出的那块芯片，给他带来了很大的启发。好了，我有几位同事来上班了，我也得去工作了，同学们，咱们下次再聊！”

大家一起说道：“好的，**杰明老师**再见！”

“再见！”说完，**杰明老师**挂断了视频。

大K说道：“按照**杰明老师**的说法，他们对幻方的研究进展不大，这与咱们从光头和长发那里得到的信息不一致啊，这是怎么回事呢？”

小美也皱着眉说道：“对，是很奇怪。”

戴维说道：“难道说，这个幻方系统在未来的短时间内能取得很大的进展？这不太符合科研的规律呀！”

小G想了想，突然睁大了眼睛，拍着桌子说道：“不对，我觉得幻方很可能会在短时间内突飞猛进！”

大家被他吓了一跳。

小美问道：“为什么？小G你想到什么了？”

“刚才杰明老师说，霍教授正在研究从他大脑中取出的芯片，我觉得秘密就在这里！”

大K问道：“这块芯片不是被你破坏了吗？”

“我只破坏了它的通信功能，使它不能和外界连接了。可是，它毕竟是在杰明老师的颅内与他的大脑连接了那么久，一定收集了大量的数据。杰明老师被控制的那段时间，他说自己就像是置身于一个虚拟世界中，这些数据应该都是一手的宝贵数据，可以指导霍教授改进幻方。还有，我猜红骨搞的这块芯片中可能还有一些来自未来的技术，这些技术也很有可能会促进幻方的研发。”

大K说道：“听了小G的分析，我觉得很有道理。”

小美和戴维也都点了点头，表示赞同。

神威说话了：“小G分析得有道理。不过，这毕竟只是他的猜测，我们需要想办法确认一下。”

小G问道：“该怎么确认呢？”

大K也问道："是啊，该怎么确认呢？"

小美和戴维摇了摇头，看起来他们也没想到什么好办法。

神威说道："光头和长发知道，幻方很快就可以成熟到供魔獒来使用，这也是魔獒让光头他们扫描科学家大脑的原因。我想，魔獒肯定知道幻方很快就会取得很大的进展。"

小G说道："哦，我明白了，这件事的幕后应该都是魔獒在指挥。假如我的猜想是正确的，也就是杰明老师颅骨中的芯片会对幻方的进展起到决定作用，那么杰明老师去这位霍教授的研究所并请霍教授把芯片拿出来就不是偶然的，而是魔獒计划的一部分。"

小美说道："对，咱们需要仔细调查一下，杰明老师决定去霍教授的研究所这件事到底是怎么回事。在这个过程中，是否有其他因素的推动。如果有，那么基本上就可以确定我们的猜测了。"

大K和戴维点了点头，随后大K又摇了摇头，说道："可是，我记得杰明老师说过，霍教授是这个领域非常著名的专家。要是杰明老师想在这个领域学习深造，那么他去找霍教授学习应该也是很正常的呀！"

戴维说道："嗯，先不着急下结论，我去找杰明老师，问问他是怎么想到去找霍教授的，你们等我消息。"

神威提醒道："以当前这种情况来看，大家的通信设备都有可能被魔獒跟踪了。虽然咱们之间的通信都严格遵循了保密流程，但是和杰明老师的则没有。所以，在跟他沟通时需要谨慎一些。如果魔獒知道咱们对此起了疑心，咱们的计划就可能会遇到更多的阻碍。"

戴维说道："嗯，我会小心的。"

待小美和大K回家后，戴维对小G说道："我现在就问问杰明老师。"说完，他拿出自己的手机，打开聊天软件，点开与杰明老师的对话窗口，用家乡话给杰明老师发消息。

小G问道："你是在问他是怎么和霍教授建立联系的吗？"

"对，我们可能会从中找到蛛丝马迹。"

"嗯，有道理，等等看他怎么说。"

过了一会儿，戴维的手机屏幕亮了起来，在锁屏界面上出现一个简陋的对话框，里面写着"I am busy."（我很忙。）

戴维没有解锁手机，就又回复了一段语音。

小G见状，好奇地问："戴维，你不用解锁就能回复语音吗？

我怎么不知道手机还有这个功能呀！”

“哈哈，我给这个聊天软件开发了一个插件，哪怕是在锁屏状态下也能回复，这多方便啊！”

“哦，怪不得界面这么难看。”小G开玩笑地说，向戴维吐了吐舌头。

戴维笑着摇摇头说道：“毕竟是我自己开发的嘛！界面的确是丑了点，但很好用。不过，手机必须要‘越狱’才能用这个插件，有些麻烦。”

正在这时，对方又回复了，锁屏上的对话框显示：“Can you speak English, you idiot!”（你能说英语吗，你这个蠢货！）

戴维立刻呆住了：“啊？杰明老师怎么会叫我‘蠢货’？”

这究竟是怎么回事呢？请看下一章。

趣知识

在本章中，我们了解了计算机主板上的固件（即BIOS）为计算机提供了最底层、最直接的硬件设置和控制。

在日常生活中，我们常会听到软件和硬件，很少听到固件。其实，固件和硬件、软件一样，都时刻在为我们服务。比如，我们常用的智能手机、智能音箱、智能电视机等智能家电、路由器等设备中，都有固件。

固件有它“硬”的一面，即固件离硬件最近，有直接控制硬件的功能。固件往往保存在不易改变和丢失的存储器中，与硬件结合在一起。要想升级修改固件，那么步骤往往比较复杂。

固件也有它“软”的一面，即固件也需要编程人员编写程序，在使用时也需要由处理器来执行指令。从这一点来看，它和软件并无本质上的差别，只是它们使用的领域和目的有所不同而已。

固件本质上和软件是相似的，因此，固件也会不可避免地出现安全漏洞，且因固件不易升级，所以这种漏洞也更难修补。有的固件甚至完全无法升级修补，只能更换硬件。

我们拿苹果手机为例来说明。苹果手机上运行的操作系统被称作 iOS。当 iOS 版本有更新的时候，使用者会收到一个通知，如果使用者选择更新，手机就会把新的版本下载下来，写入手机的固件中。重新启动之后，使用者就可以使用新版本的 iOS 操作系统了。在更新的过程中，使用者无法使用手机做任何其他事情。这与更新软件时不同，在更新软件时，手机中的其他软件基本上不会受到影响。可见，固件升级要麻烦许多。

固件升级过程也有可能会失败（虽然这种情况非常少），一旦出现很容易导致手机无法使用。

苹果手机上有一块固件是无法升级的——SecureROM，也被大家称作 BootROM，它负责加载 iOS 操作系统。这块固件在第一次写入代码和数据后就固化了，不能修改。如果这部分固件出现了安全漏洞，就无法靠着打补丁的方式解决了，只能更换硬件。对此，苹果公司很重视 SecureROM 的安全性。不过，尽管如此，苹果手机也曾多次发生过出现重大安全漏洞的情况。

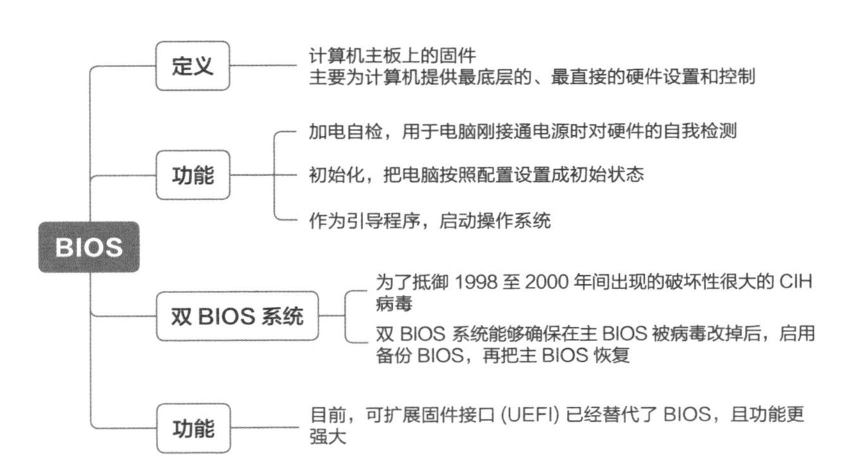